フラムスチード天球図譜

恒 星 社 編

東 京
恒 星 社 刊

ATLAS CELESTE
DE FLAMSTEED,
APPROUVE
PAR L'ACADEMIE ROYALE
DES SCIENCES,
ET PUBLIE
SOUS LE PRIVILEGE DE CETTE COMPAGNIE.

SECONDE ÉDITION

Par M. J. FORTIN, Ingénieur-Mécanicien du Roi & de la Famille Royale, pour les Globes & Spheres.

A PARIS,

Chez { F. G. DESCHAMPS, Libraire, rue S. Jacques, aux Affociés.
{ l'Auteur, rue de la Harpe, près celle du Foin.

M. DCC. LXXVI.

複刻版の辞

わが国において初めてこのフラムスチード天球図譜の翻刻版が刊行されてより25年を経過した。当時は諸般の状勢により，小社の意図を十分には満たすことができなかったし，以来久しく絶版状態で今日まで至った。然し現今のような時代こそ，グリニッジ初期の天文台を顧みることが好ましく，この図譜の複刻を求める声が，天文以外からも多い。因って小社はその要望に応え，かつ企画を新たにして本書を刊行した。

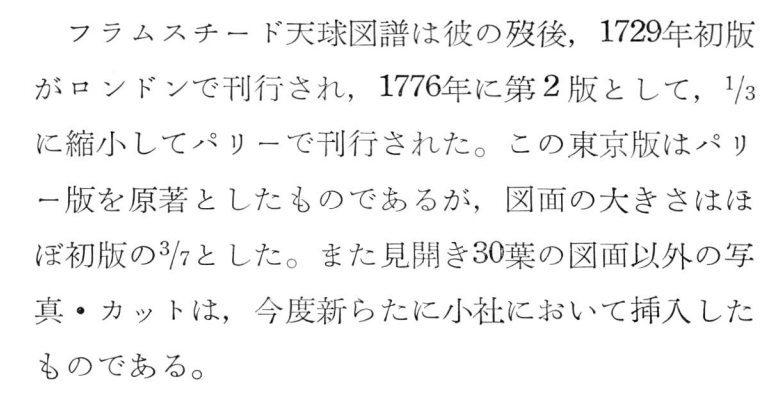

フラムスチード天球図譜は彼の歿後，1729年初版がロンドンで刊行され，1776年に第2版として，$1/3$に縮小してパリーで刊行された。この東京版はパリー版を原著としたものであるが，図面の大きさはほぼ初版の$3/7$とした。また見開き30葉の図面以外の写真・カットは，今度新らたに小社において挿入したものである。

複刻に当り，村上忠敬，藪内清，野尻抱影の各先生，並びに木村精二氏，さらに写真・カットを提供していただいた各位に厚く感謝するものである。

1968年6月 　　　　　　　　　　恒　星　社

フラムスチード

刊　行　の　辞

　近世におけるイギリスの勃興は，その渡洋民族ないしは海洋国民としての素質によるということは広く知られていることである。しかし近代国家として海洋発展を企図しない国はなく，海洋国民としての素質がない民族というものも稀である。この近世民族興亡の舞台で，イギリスだけが列国を圧えて海外制覇の大業をなし得た背後には，何か科学的原因がなくてはならない。われわれはここに，1675年"英国航海術発達のために"建設され，今世紀のはじめまで世界天文学の総本山として君臨してきたグリニッジ天文台の存在を見のがすことはできない。航海術と実地天文学ほど深い関係はないからである。

　もとより事は一朝にして成るものではない。このグリニッジ天文台の創立者であり，しかも44年もの長きにわたって初代天文台長として実地天体観測を指導し，自ら率先して近代における最初の精密恒星目録を完成したフラムスチードの強靱な観測家気質こそは，後年のグリニッジ天文台の性格を決定し，その誇るべき伝統の基礎を形成したものといえよう。

大陸発見時代の測角杖

創立当時のグリニッジ天文台
（次ページと見開き）

フラムスチードの名とともに，学界ばかりでなく一般社会でも忘れてならないのは，彼の著わした天球図譜である。この書はすでに古典として歴史的天文書には必ずその二三葉が挿図として採用されているものであるが，その原本は欧州でさえも稀れにしか残っていなくて容易に入手できない。全天にギリシャ神話に因んだ絵図を配し，それに自分の観測による精密な位置と光度に基いて恒星を記入したこの書は，全天恒星図としてまた天の壁画集として，国民の教養書となる一方，遠洋航海する航海士たちの慰めとさえなったものである。ギリシャ人の優れた芸術的構想から生まれた星座こそは，実に宇宙芸術の最たるものとして，時と所とを越えてわれらの心を躍らせるものがある。

もし仮りにこの書が300年前に日本で公刊されていたものと想像してみよう。きっとわが日本民族の星々への関心は余程違ったものとして伝えられたにちがいない。元来わが国に移入された中国の星宿は主として帝星を囲む百官有司の配置によって名づけられているので，天文及び漢学の素養のない一般民衆には近づき難いものとなっていた。従って星の伝

説にしても，"たなばた"の牽牛・織女の物語しかないということは，海外とくらべて如何も淋しいことである。

　今日，学問としての天文学は星座の解説を越えて天体力学や天体物理学となっている。しかし天文学の故郷としての星座は，人間の心に情操的一面や芸術的感動が存在する限り永遠のものといえよう。ただ見れば何の奇もない星空を，例えばアンドロメダ姫と見，天馬ペガススと見る目こそ，やがて星を生涯の伴とする奇縁とはなったのである。

　本書の原本は，京大名誉教授小川琢治博士の御所蔵のものを拝借した。初版後約80年を経て改訂されフランスで刊行された第2版であるが，それ自身既に200年を経た稀覯書である。図版原形が傷もなく保たれてきたことは全く天運といってもいい。本書の翻刻に当って原本の使用を許可して下さった小川博士の御遺族に対し，太陰運行論研究の余暇をさいて本文を口訳して下さった七高名誉教授村上春太郎先生，並びに解説を分担された藪内清，野尻抱影先生と共にここに感謝を捧げる次第である。

　1943年2月　　　　　　　土　居　客　郎

創立当時のグリニッジ天文台

緒　　言

　本世紀の初頭に発行せられたフラムスチード天球図譜は，その精密さにおいても，その内容においても，また星座の知識を獲得する便利の点でも，世に行なわれるもののうち，最も多くの人に好まれ役立ってきたものである。ただ星図の形が大きかったため，価格が少し張って天文愛好家の手に入り難いうらみが無いでもない。

　そこで一般読者の需要をみたすため，ここに原形の$1/3$の縮刷版を作って，使用上の便を図ったのである。この縮刷版を出すに当っては，原形そのままを写し出すことに努めた。しかしさらに大きな便利を目指して多少の変更を試みたが，そのうち重要なのはフラムスチードは星図の元期＊を1690年としていたのを，本帖では1780年を元期として恒星の位置を記したことである。

　周知のようにフラムスチードの作図法は最も簡単であり，また描図法のうち最も自然的であるから，各星座の位置は肉眼で天を眺めるときの位置と同じになっている。いま大形天球儀をその軸が地軸に平

観測中の天文台内部

＊ 星の位置を1690年の春分点の位置を基準に決めること。

行になるように据えてその中心に位置すると仮定すると，球面には星座が見え，その星座の中を球面の大円・小円や赤経・赤緯・黄経・黄緯などの円弧が横切っているのがみえる。この球面の一部を切り取って図面に精写したものが，このフラムスチードの星図に当る。

水平に引かれた線は，赤道か赤道に平行な緯線であって，これらは星の赤緯，即ち赤道からの距離を示している。フラムスチードは当時使用した観測機械の都合で，北極から起算した角，即ち北極距離を図の横側に記入している。北極距離から赤緯に直すのは何でもないことで，北半球では赤緯は北極距離の余角であり，南半球では赤緯の数値は北極距離から90°を引けばよい。

上下方向に引かれている時円は，赤道において時間的区分を示すもので，赤道と黄道との交点，即ち春分点から起算して24時間に区分されている。これらの線は子午線，即ち赤経円に相当し，或る星を通る子午線と春分点を通る子午線との間の角を赤道上で測って赤経とするのである。すべて赤経は時間又は度数で表わし＊ いつも西から東へ向って測ること

フラムスチード時代のグリニッジ天文台
（次ページと見開き）

＊ 現今では流星群の輻射点を表わすときなどのほか，一般には角度を用いないで時間数を用いる。

になっており，本星図では上下に1本づつ1°ごとに2重の区切りで示されている。数字は内側が度数で外側が時間数である。時間の方は20分ごとに区切ってある。天文の習慣では時間は24時まで通算する。何分球面上の大円小円を平面上に投影するのであるから，ここで円弧が多少曲がって描かれるのはやむを得ない。

フラムスチード時代のグリニッジ天文台

　黄道に垂直な諸線は，星の黄経円に当り，黄道に平行なのは黄緯円を表わしている。黄緯円を精密に黄道に平行に描くわけにはいかないので，図面によっては極に近いものほど，この線が楕円弧になっている。大熊座の星図をみるとそれがいちじるしく現われている。

　黄緯円と黄経円とは共に点線で表わして赤経円や赤緯円を示す線と混同しないようにしてある。

　黄道は黄経円で10°ごとに等分されている。また30°ごとに十二宮の符号がつけてあって，各宮の境にあたる点線は特に少し濃く描いてある。黄道の部分を含まない図面では，10°ごとの区分は星図の内側で上に1本，下に1本づつ各円の端に記入してある。黄緯円内，即ち黄道の平行円はすべて10°の間

9

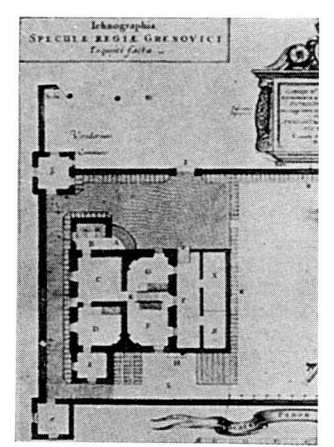

グリニッジ天文台の建築図
（次ページと見開き）

隔を保っており，黄緯に当る角度は黄緯円の両端，即ち図の右と左の内側に記してある。

　フラムスチードの原図には，いずれの縁にも2重の区切りがあったが，分を示す細い分割は小さすぎるので省略した場合もある。しかし獣帯内の星の位置の観測は大切なので12宮を含む星座の図面には細かい再分割をつけておいた。それで赤経・赤緯の度数は15′まで読めるわけである。

　極に近い星座の図面に限って，ほかの図面とは違った描図法を用いた。それはトレミー式投影法である。この図面には極から左下の隅に引いた線に特殊の目盛がつけてあるが，これは極からの角距離即ち赤緯の余角である。フラムスチードの原図では，白鳥座やとかげ座を含む部分に当る左側が少し広く取ってあり過ぎる。この辺りはほかの図面でも繰返えし描かれているので，本図帖ではこの辺りを略して，その代わりに大熊座や牧夫座の一部を含む右側を取り入れることにした。

　また現在では一般に認められている三つの新星座を付け加えた。それは1736年にクレーロー，モーペルチュイ等の天文学者が北極圏へ測地のため遠征し

たときの記念として命名された馴鹿座(となかい)，ヘベリウスがきめたソビエスキーの楯座及び地獄の番犬座である*。なおフラムスチードで不正確だった星の位置は訂正した。例えば大熊座φ星，海豚座δ星などである。また乙女座ζ星の光度を改めた。そのほかバイヤーの星図を参照して銀河を書き入れ，ラランド天文書第7巻中の星雲表により，星雲を書き加えた。この表の中の星雲はラカーイュ，メシエー，ルジャンチルらの観測したものである。

　フラムスチードの原図帖は，26枚の図から成り，ロンドンでの地平線上に現われ得る星座の全部を包括し，なおこれにトレミー投影法によって描かれた2枚の平面天球図がつけてあるが，そのうち1枚は星の位置が左前に描かれている。今回はこれらに対して改良を加え，周辺にパリーで見える星をも付け加えたばかりでなく，前記2枚の平面天図を廃し，その代わりに，ルモニエーが描いて自著に載せた南北両半球の星図を採用し，星の位置は肉眼で天空を仰ぎみたままを写した。南半球の方は星が淋しいので僧院長ラカーイュが著わした南方星座平面天球図を採録した。この図には14個の新星座が加わっている

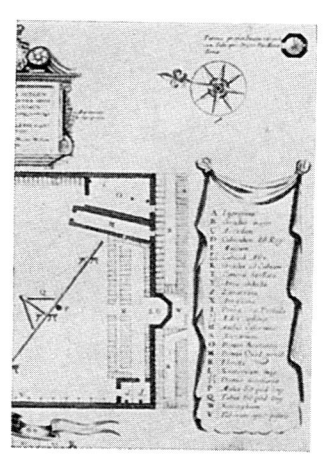

グリニッジ天文台の建築図

* 楯座のほかは現代では用いられない。

が，その平面天図を同氏の「南天」から転載した。

星々の光度がはっきりわかるように，星の光度に合せた光条を加えた記号になっている。これはメシエーが大学報告文に挿入した星図に用いたものに倣った。第2図の下側に記入してある対照表をみれば光度の区別がはっきりわかるはずである。2枚の一般図やラカーイュの南天図にも同様の精しさが使用されている。

同一星座内での星を区別して示すためにバイヤーが創めて使用したギリシャ文字の符号も綿密に検討して付けてある。またローマ字の方も厳密に点検してある。

この図帖の28個の図面の順序は，あまりにも無方針であったので，今回はそれらを先ず3部に分け，第1部は北半球を始めとし，北極附近の星座，次に北部の星座を赤経0時から順次に天球上に移っていくようにしてある。第2部は黄道に12宮を含んでいる。第3部は獣帯より南方の星座と南半球図とである。このように配列してこそ最も自然的で系統的であると考えた。図面には番号をつけ，順序と番号とを，この緒言のあとの14，15頁に記入しておいた。

現在のグリニッジ天文台附近
（次ページと見開き）

なおこの天球図譜は天体観測者の便に供するばかりでなく，天文学を学ぼうとする人の需要にも応えられるように，巻末にブラッドレーの恒星表，春分点の南中時刻および恒星研究に必要な種々の事項を書き添えた。さらに興味ある実用的な多くの例題も加えておいた。

現在のグリニッジ天文台附近

図面の順序と番号表

北半球天図……………………………………………第 1

カシオペヤ座・セフェウス座・小熊座・竜座…第 2

アンドロメダ座・ペルセウス座・三角座………第 3

麒麟座・馭者座………………………………………第 4

山猫座・小獅子座……………………………………第 5

大熊座…………………………………………………第 6

牧夫座・天秤座・ベレニスの髪座…………………第 7

ヘルクレス座・冠座…………………………………第 8

蛇遣い座と髪座………………………………………第 9

鷲座・アンチヌース座・矢座・狐座・海豚座…第10

琴座・白鳥座・蜥蜴座・狐座………………………第11

ペガスス座・小馬座・海豚座………………………第12

羊座……………………………………………………第13

牡牛座…………………………………………………第14

双子座…………………………………………………第15

蟹座……………………………………………………第16

獅子座…………………………………………………第17

乙女座…………………………………………………第18

天秤座と蠍座	第19
射手座	第20
山羊座と水瓶座	第21
魚座	第22
鯨座	第23
エリダン座・オリオン座および兎座	第24
大犬座	第25
海蛇座・六分儀座	第26
海蛇座・コップ座・烏座	第27
南半球天図	第28
ラカーイュ氏による南半球天図	第29
天球図および解説図	第30

解説

フラムスチードと現代の星座	204ページ
フラムスチード星図の史的地位	215ページ
フラムスチードとグリニッジ天文台	223ページ

1776年4月30日及び5月5日の
帝室理学協会覚書より抜粋

　フォルタン氏が提出した"フラムスチード"星図帖の原型$1/3$の縮刷版（恒星位置は元期1780）はフラムスチード星図帖第2版として発行されたものであるが，ここにルモニエーおよびメシエー両氏がその報告を出したので，本協会は報告文を読んだ上で次の判定をした。即ち著者はブラッドレーの恒星表をかき添え，ラカーイユの南方星座の平面図をも取り入れ，すべてを細かく点検し，さらに観測の手引きや球面天文の有用な例題を加えなどしており，賞讃に値するばかりでなく，協会の負担において出版する価値あるものと認める。よってこの証明書に署名する。

　　1776年6月6日　パリーにて

　帝室理学協会
　常　任　幹　事　　グランジャン・ド・フーシー　　印

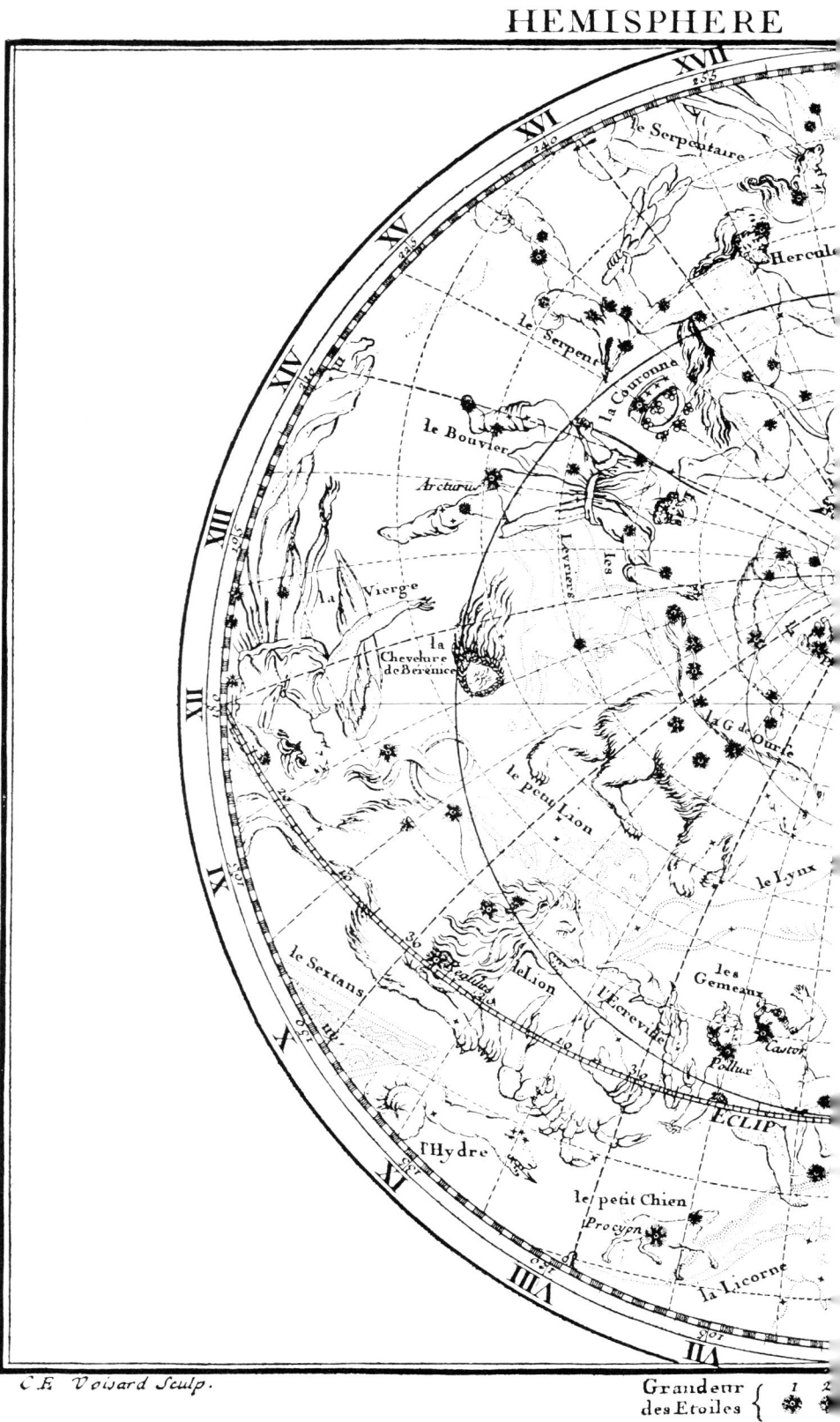

HEMISPHERE

C.E. Voisard Sculp.   Grandeur des Etoiles

BOREAL

CASSIOPÉE, CÉPHÉE, LE RE[NNE]

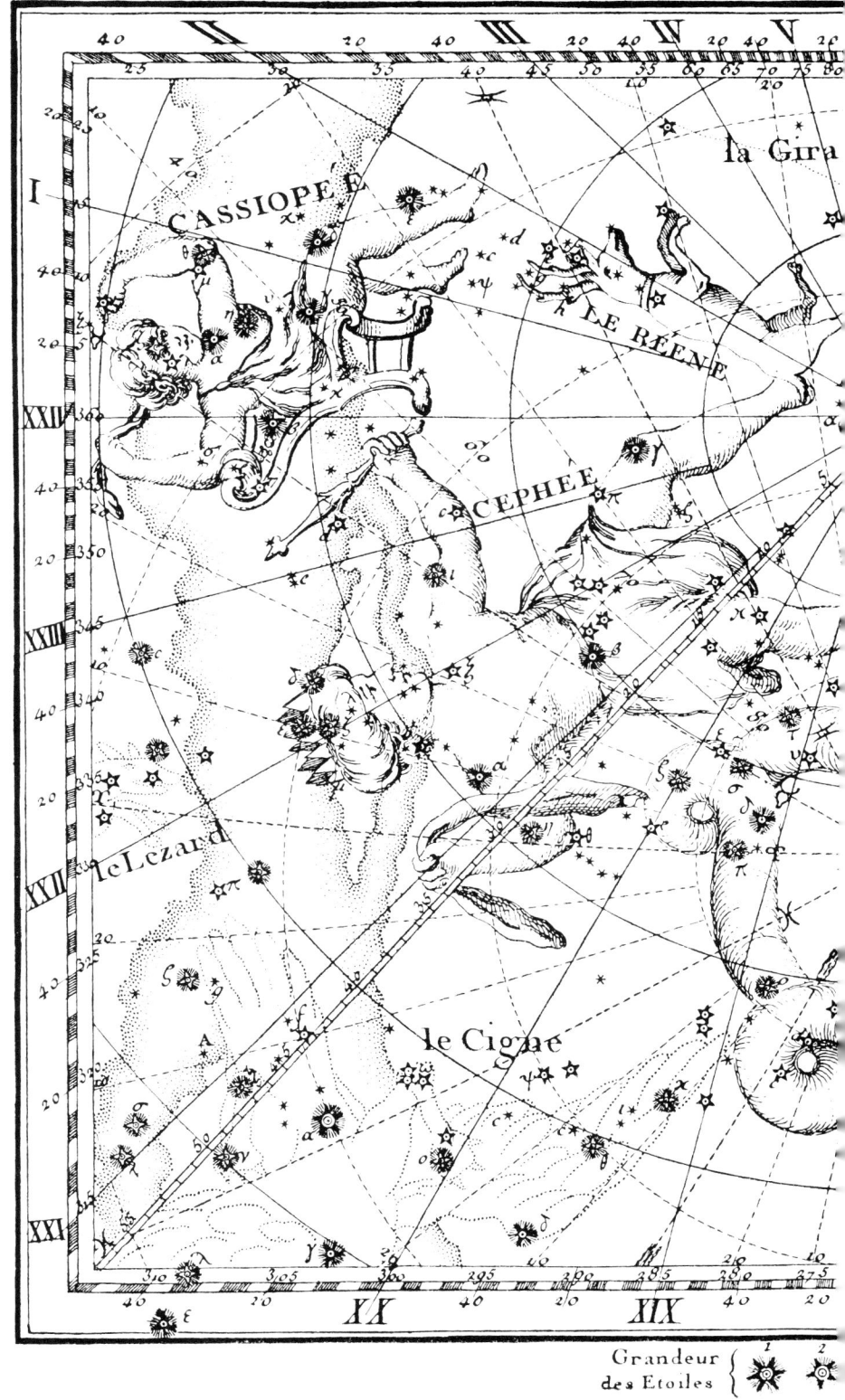

E, LA P.te OURSE LE DRAGON

la G.de Ourse

LA P.te OURSE

LE DRAGON

le Bouvier

Hercule

ANDROMEDE, PER

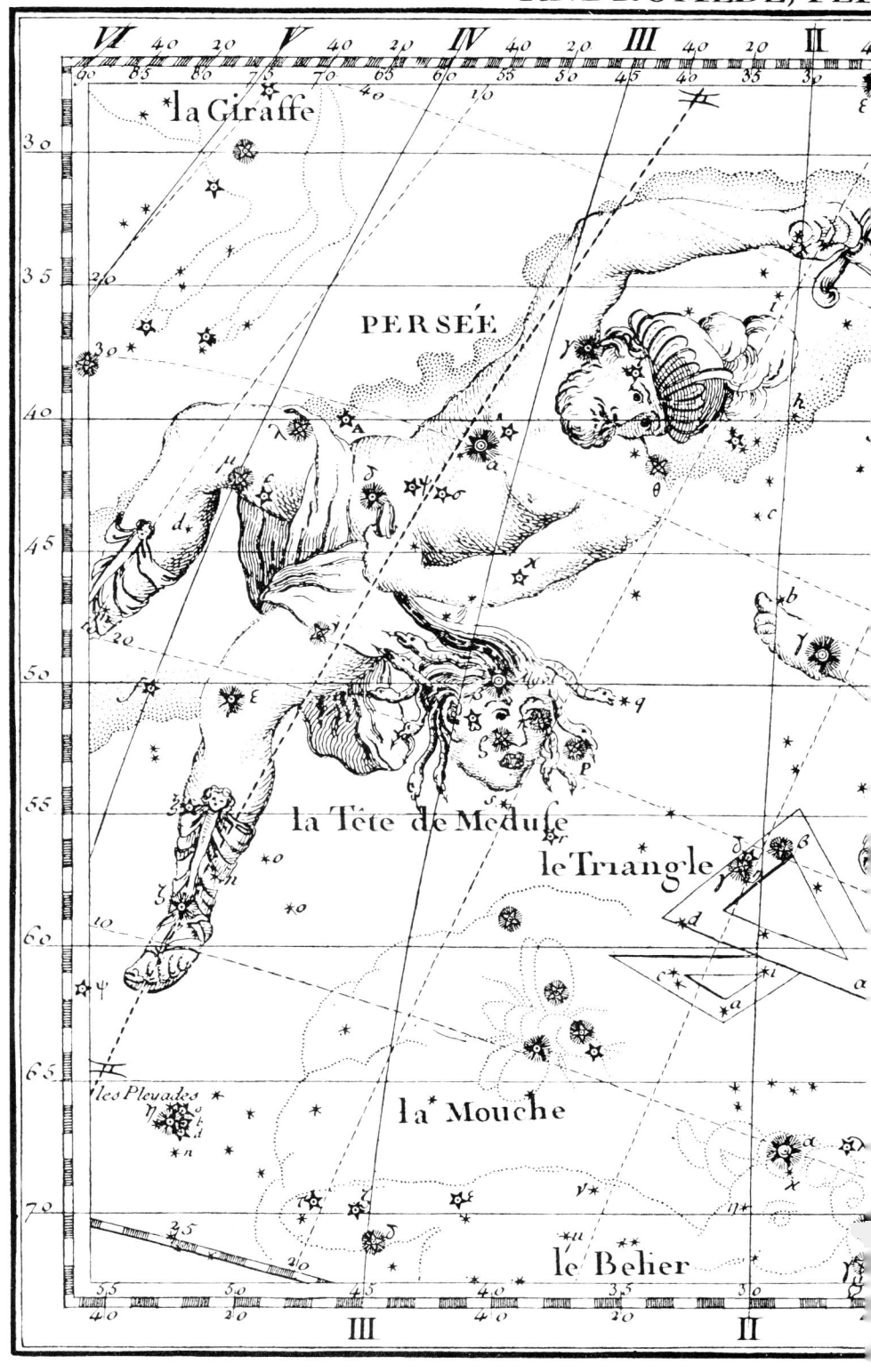

la Giraffe

PERSÉE

la Tête de Meduse

le Triangle

les Pleyades

la Mouche

le Belier

LE TRIANGLE.

Cassiopée

ANDROMEDE

le Poisson
boreal

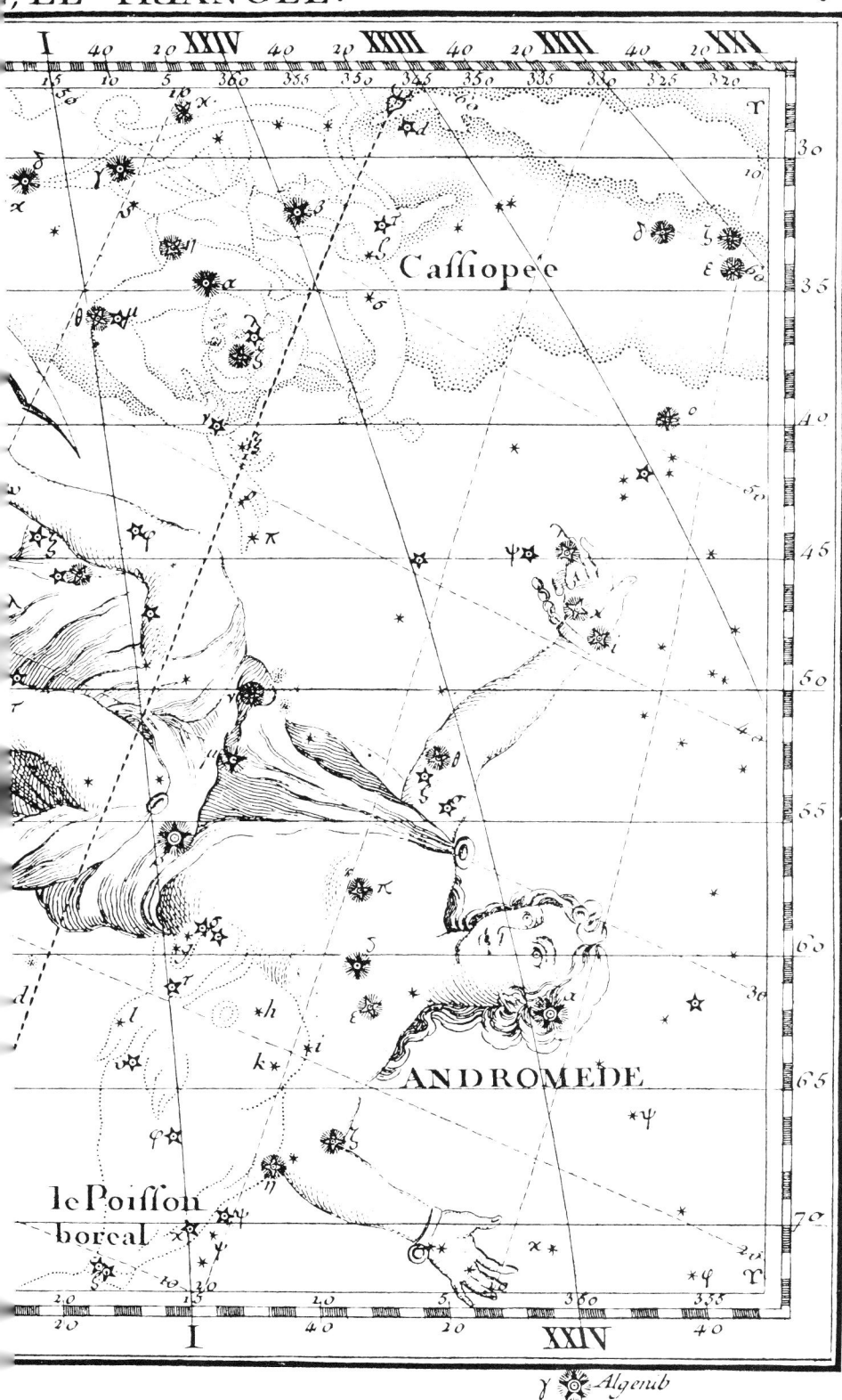

γ Algenib

LA GIRAFE

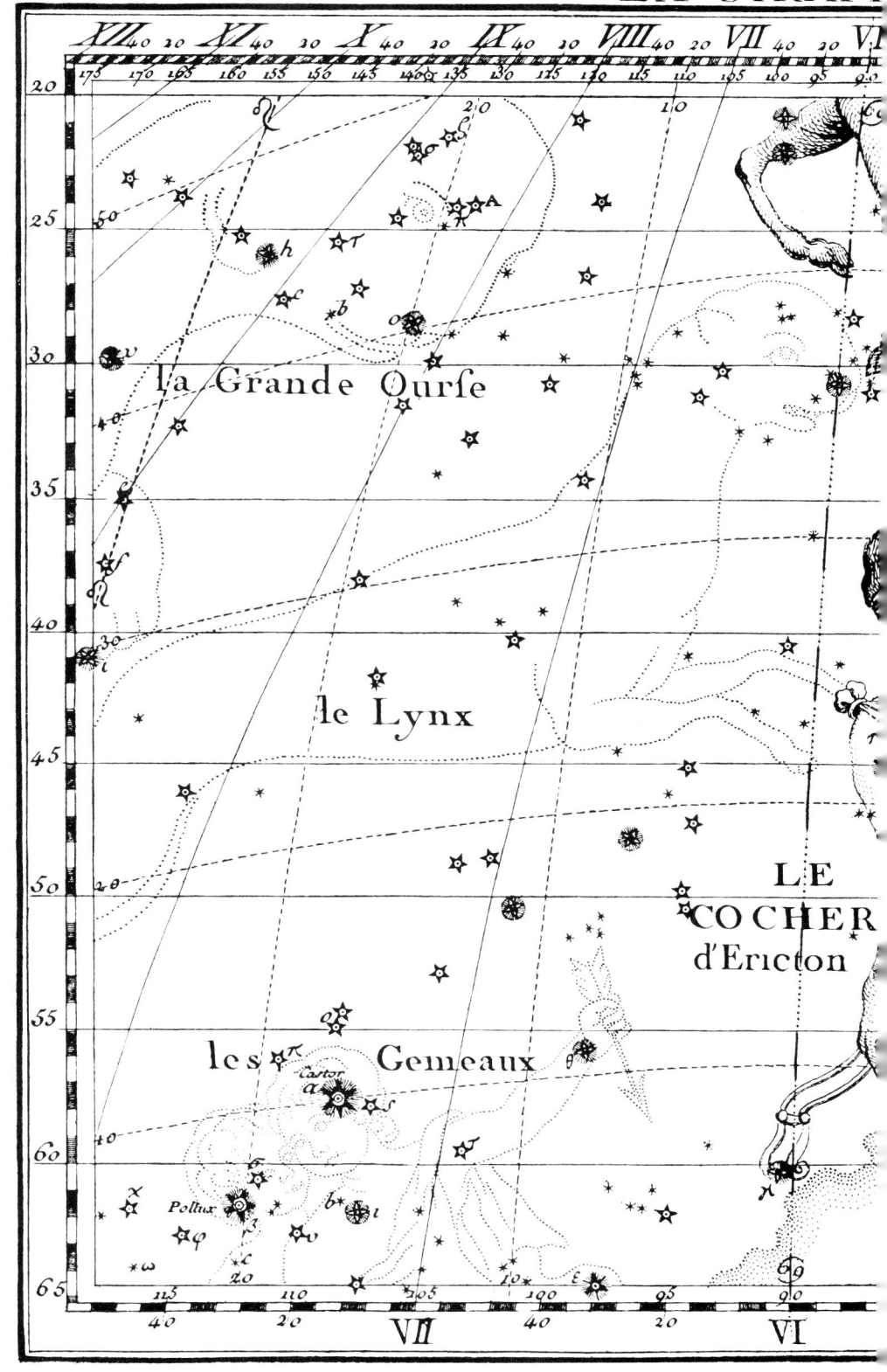

la Grande Ourse

le Lynx

LE COCHER d'Ericton

les Gemeaux

Pollux

LE COCHER

LA GIRAFFE

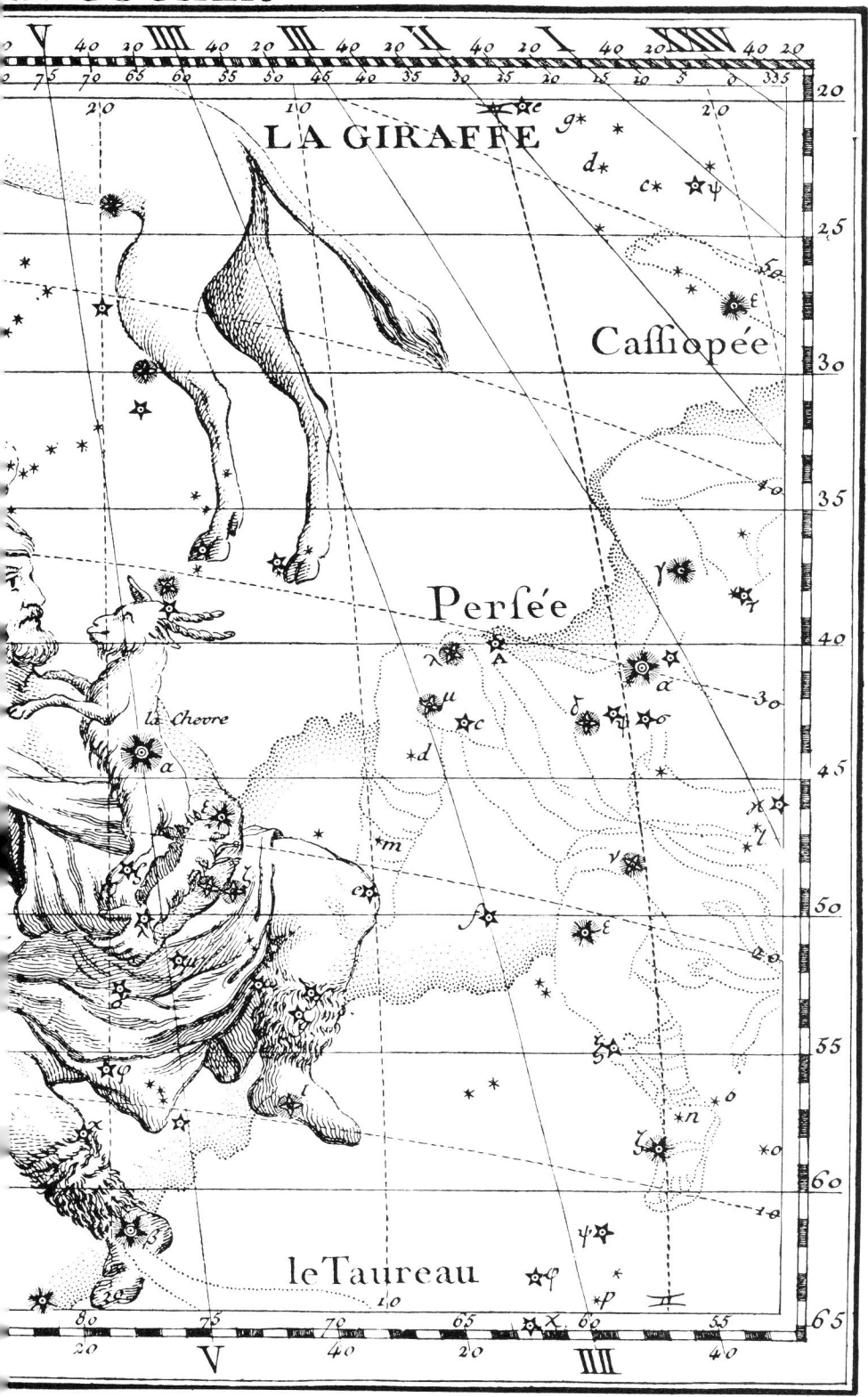

Caſſiopée

Persée

la Chevre

le Taureau

LE LYNX,

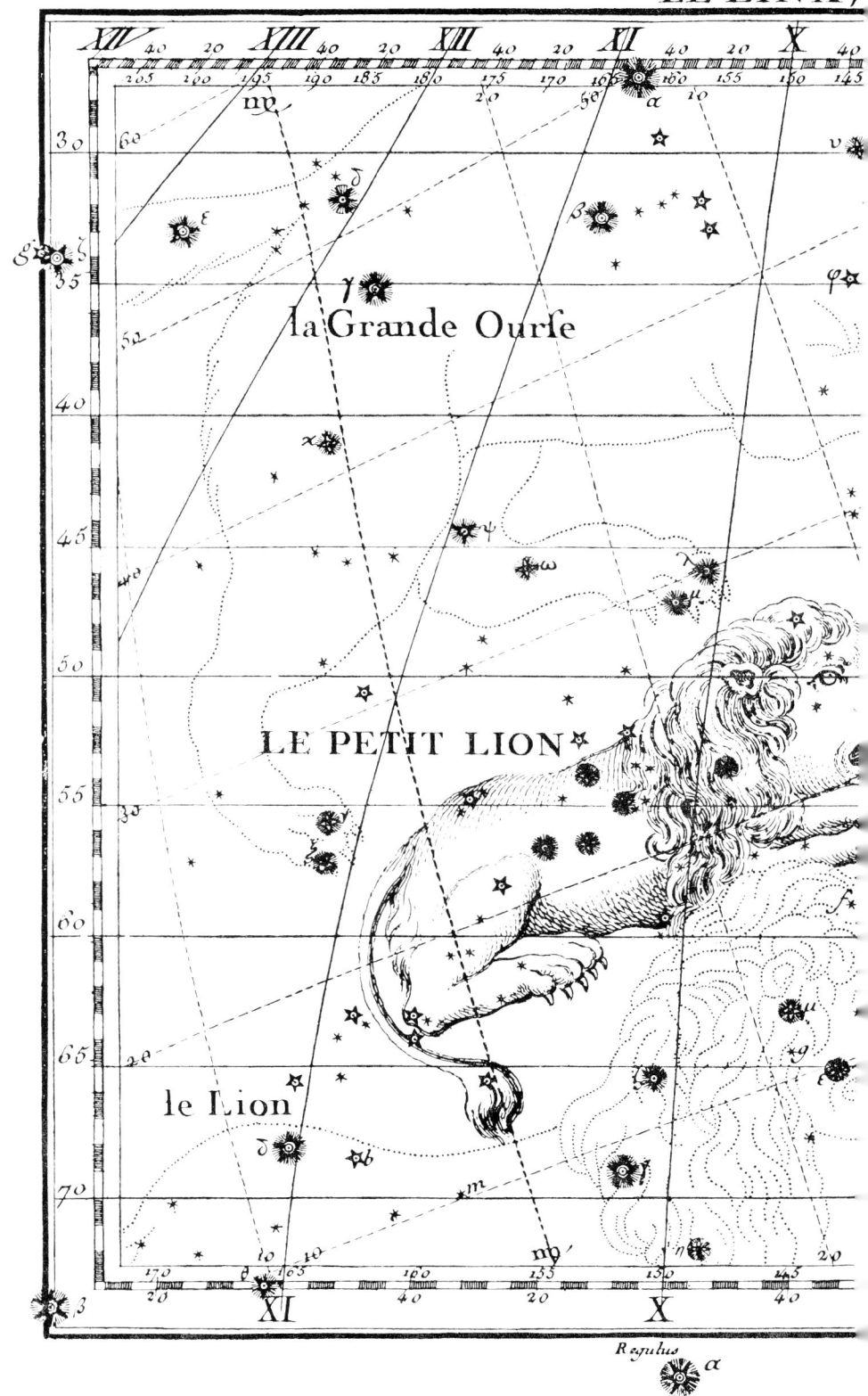

la Grande Ourse

LE PETIT LION

le Lion

Regulus

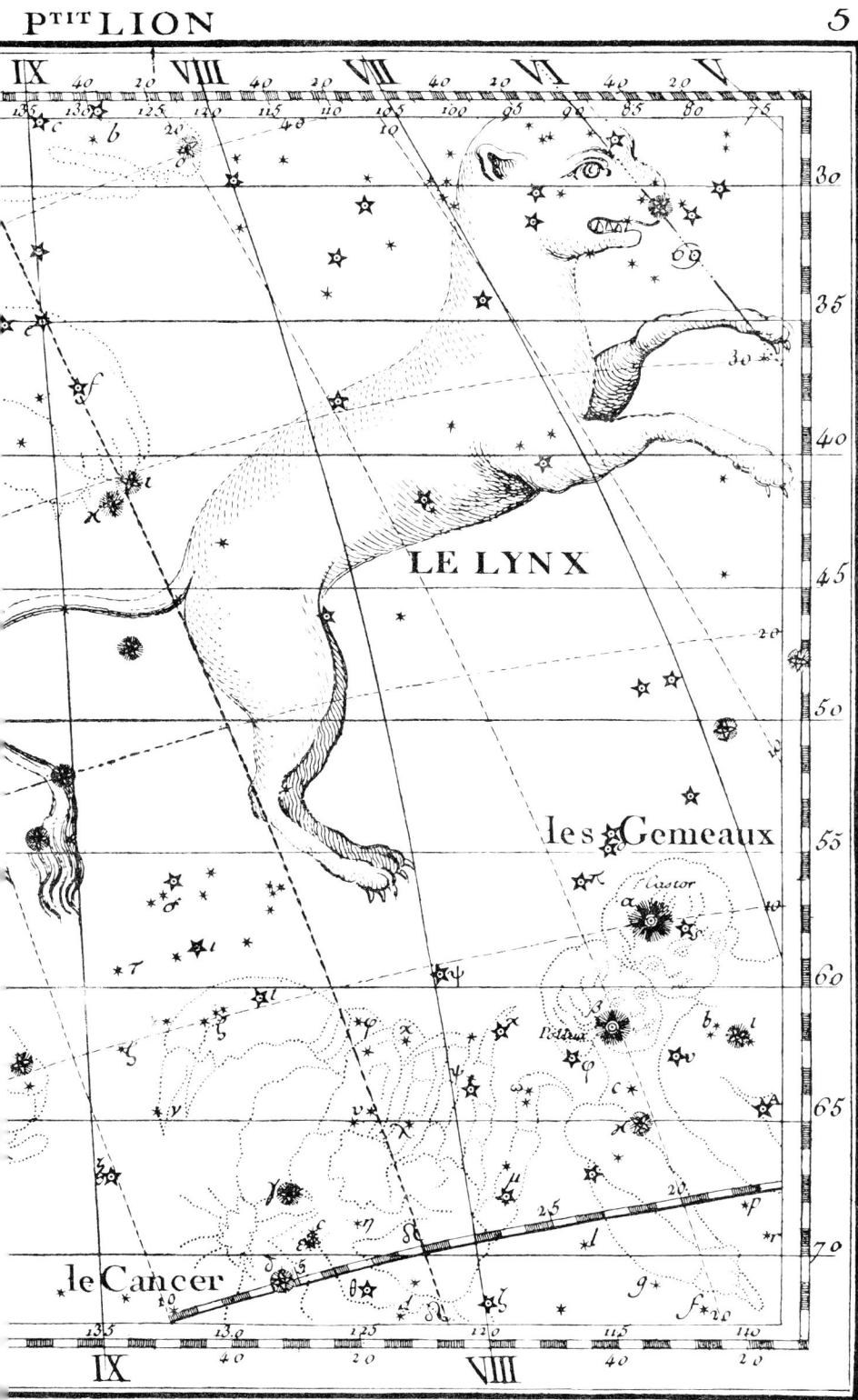

LE LYNX
les Gemeaux
le Cancer
Pᵗⁱᵗ LION

LA GRA

le Dragon

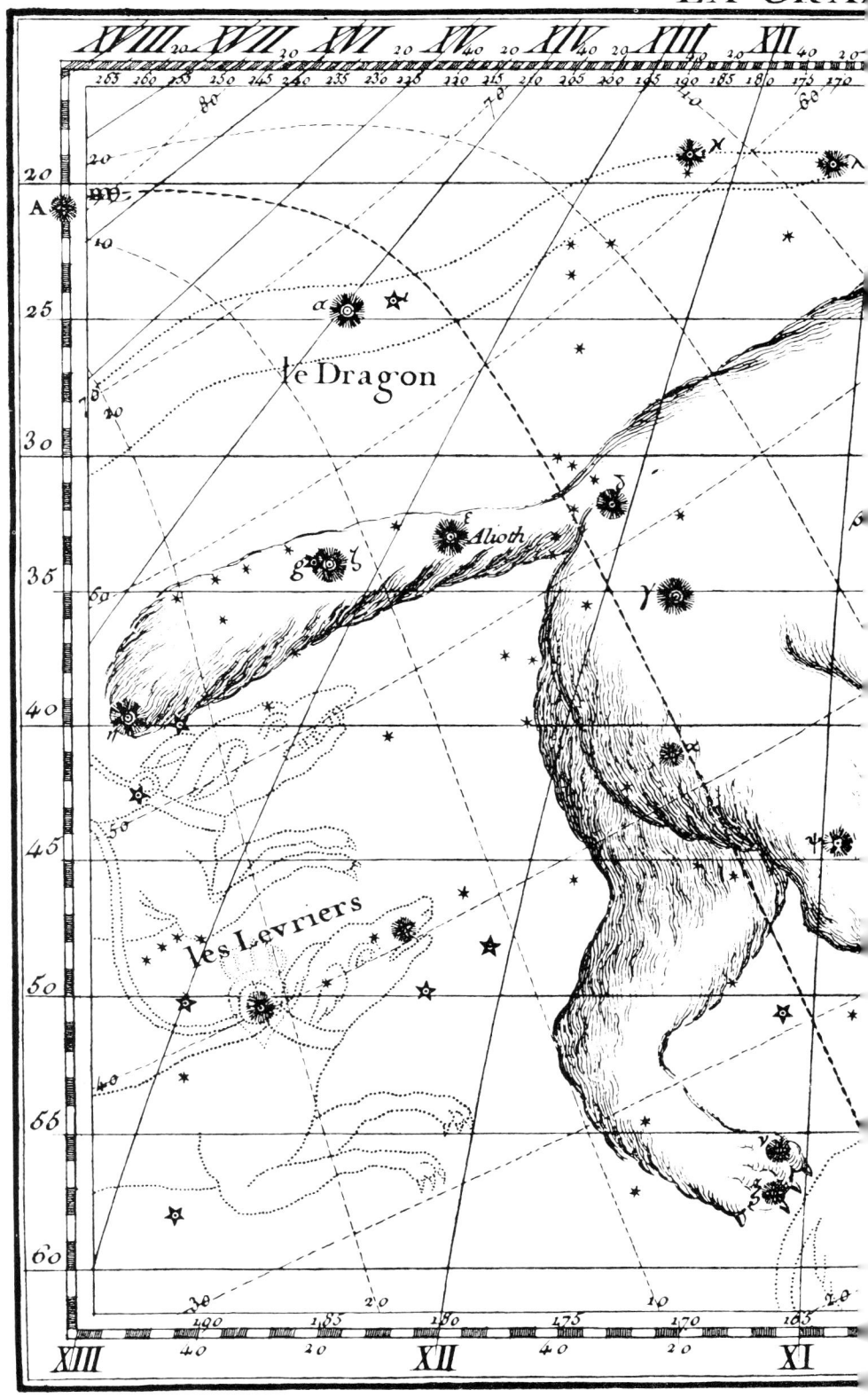

Alioth

les Levriers

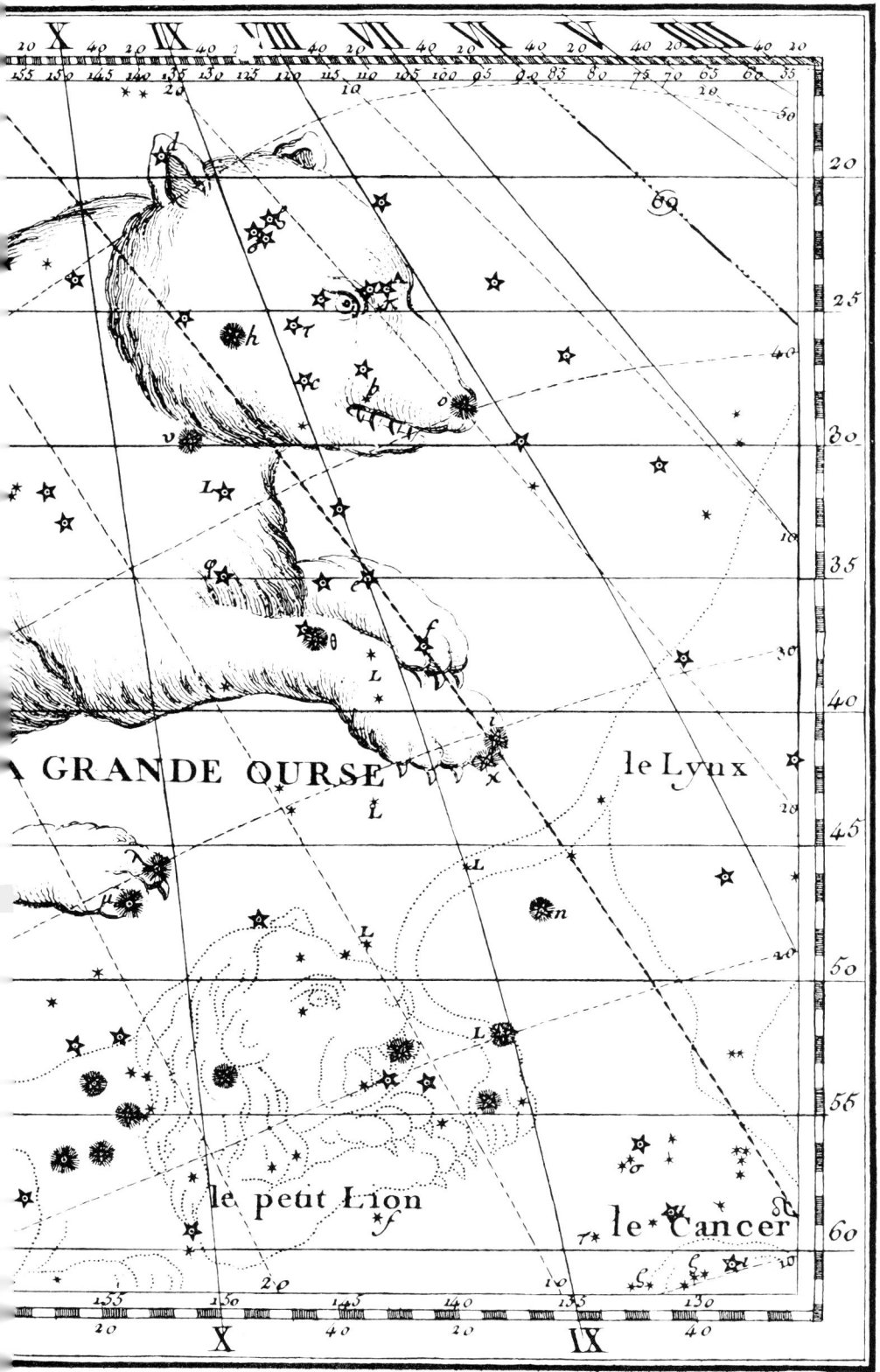

E OURSE.

LA GRANDE OURSE

le Lynx

le petit Lion

le Cancer

LE BOUVIER, LES LEVRIER

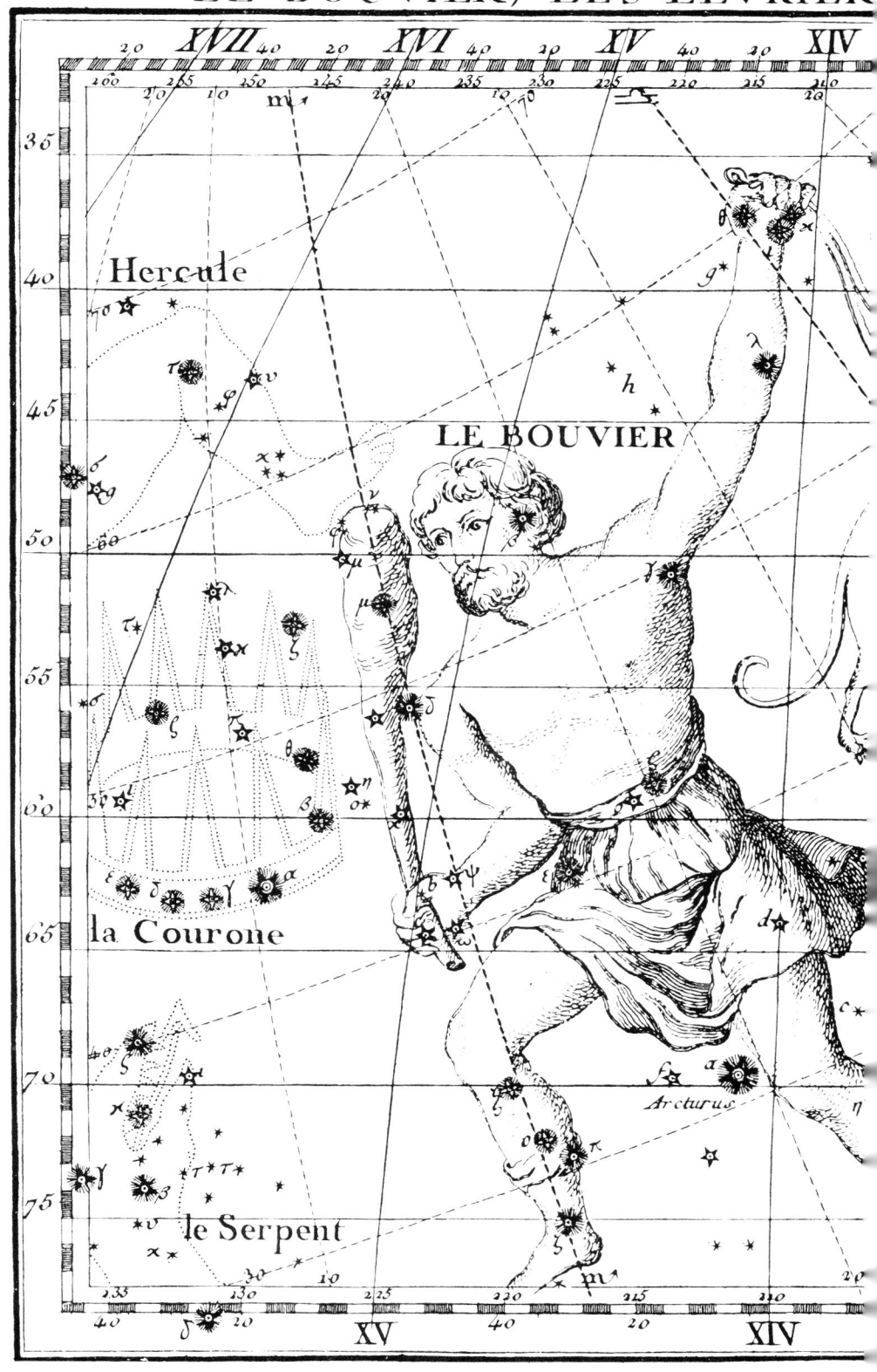

Hercule

LE BOUVIER

la Courone

le Serpent

Arcturus

LA CHEVELURE de BERENICE

la Grande Ourse

LES LEVRIERS

LA CHEVELURE de BÉRÉNICE

HERCULE, I

la Lyre

HERCULE

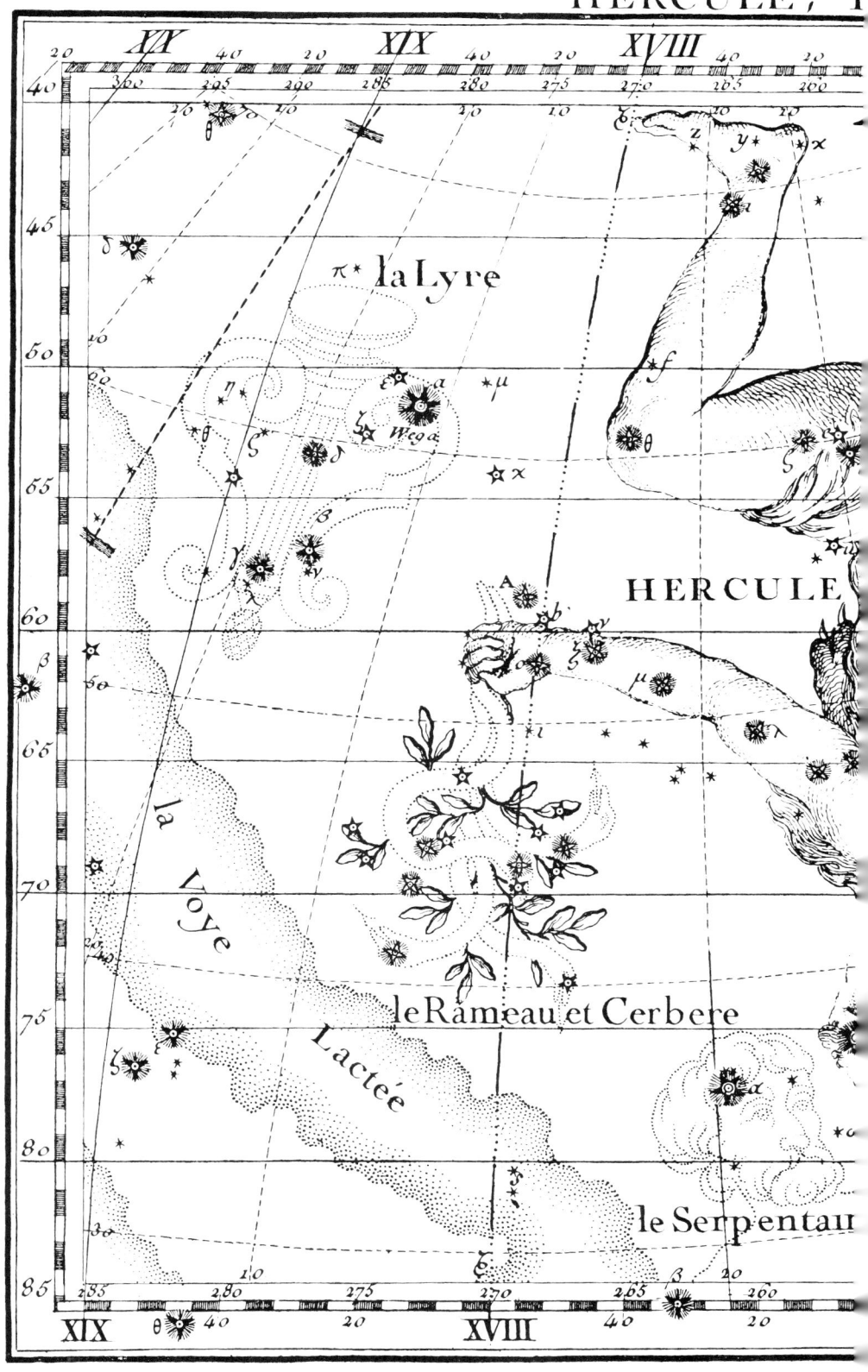

la Voye Lactée

le Rameau et Cerbere

le Serpentai

COURONNE

le Bouvier

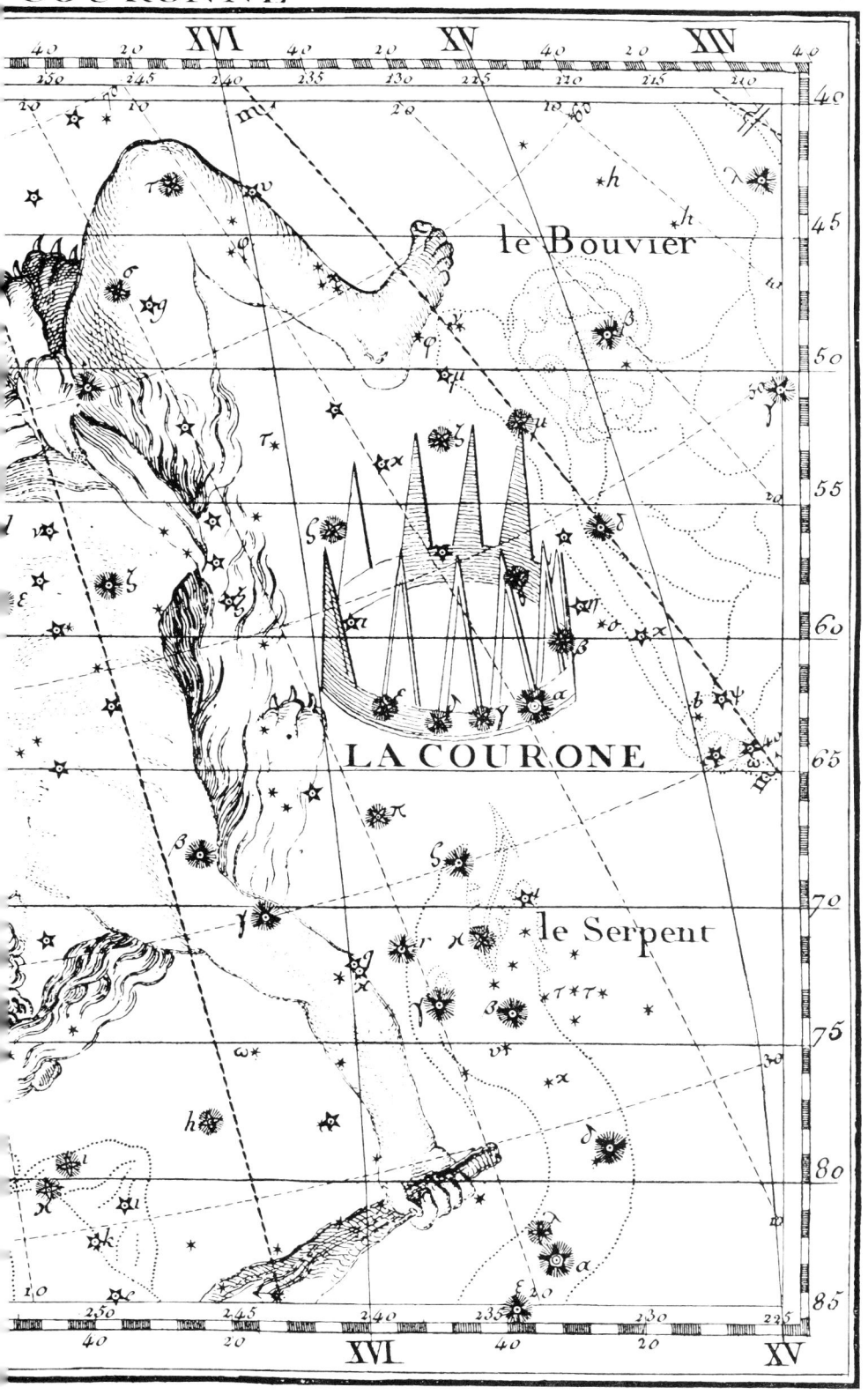

LA COURONE

le Serpent

LE SERPENTAIRE

LE SERPENTAIRE

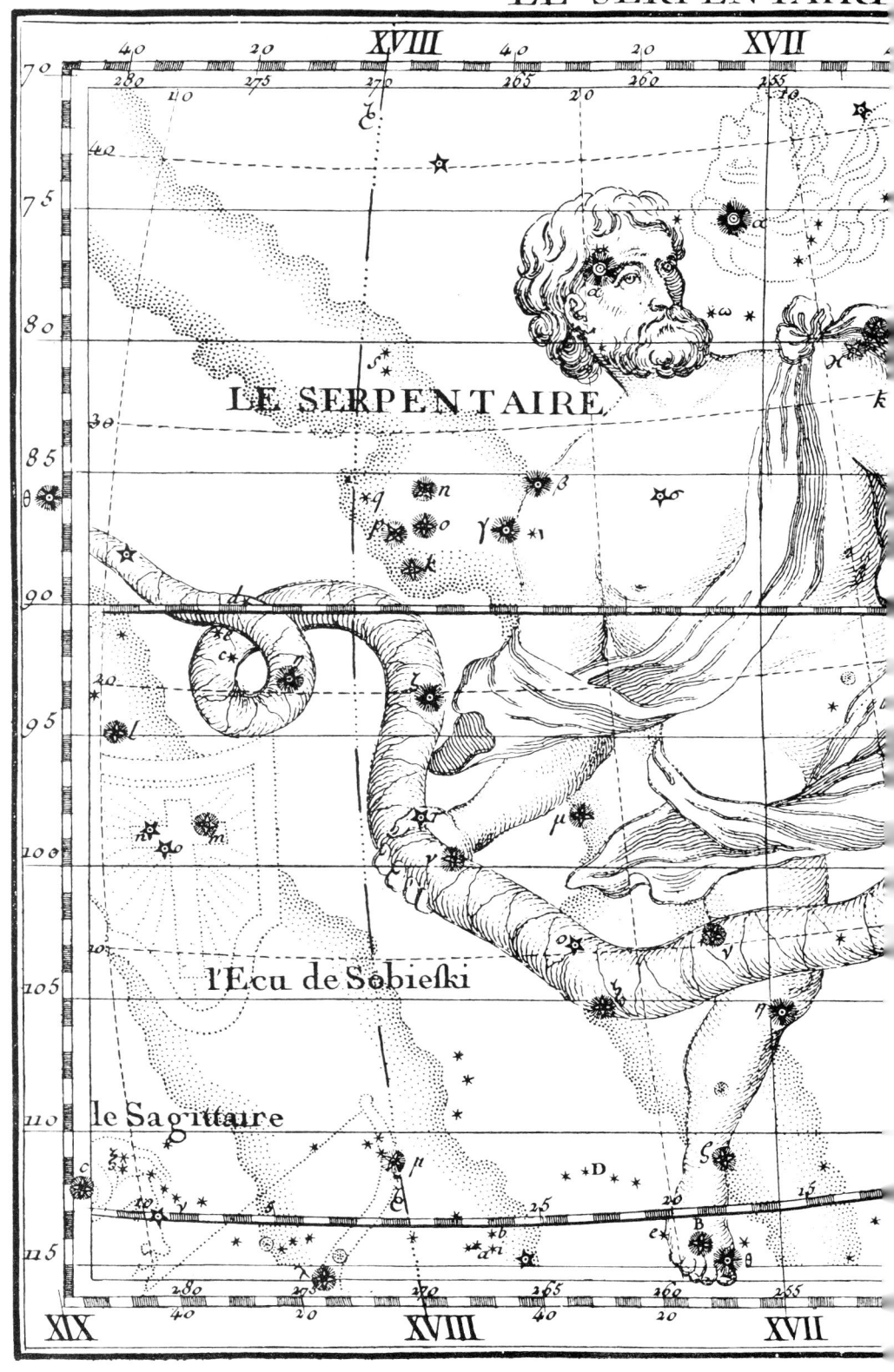

l'Ecu de Sobieski

le Sagittaire

LE SERPENT.

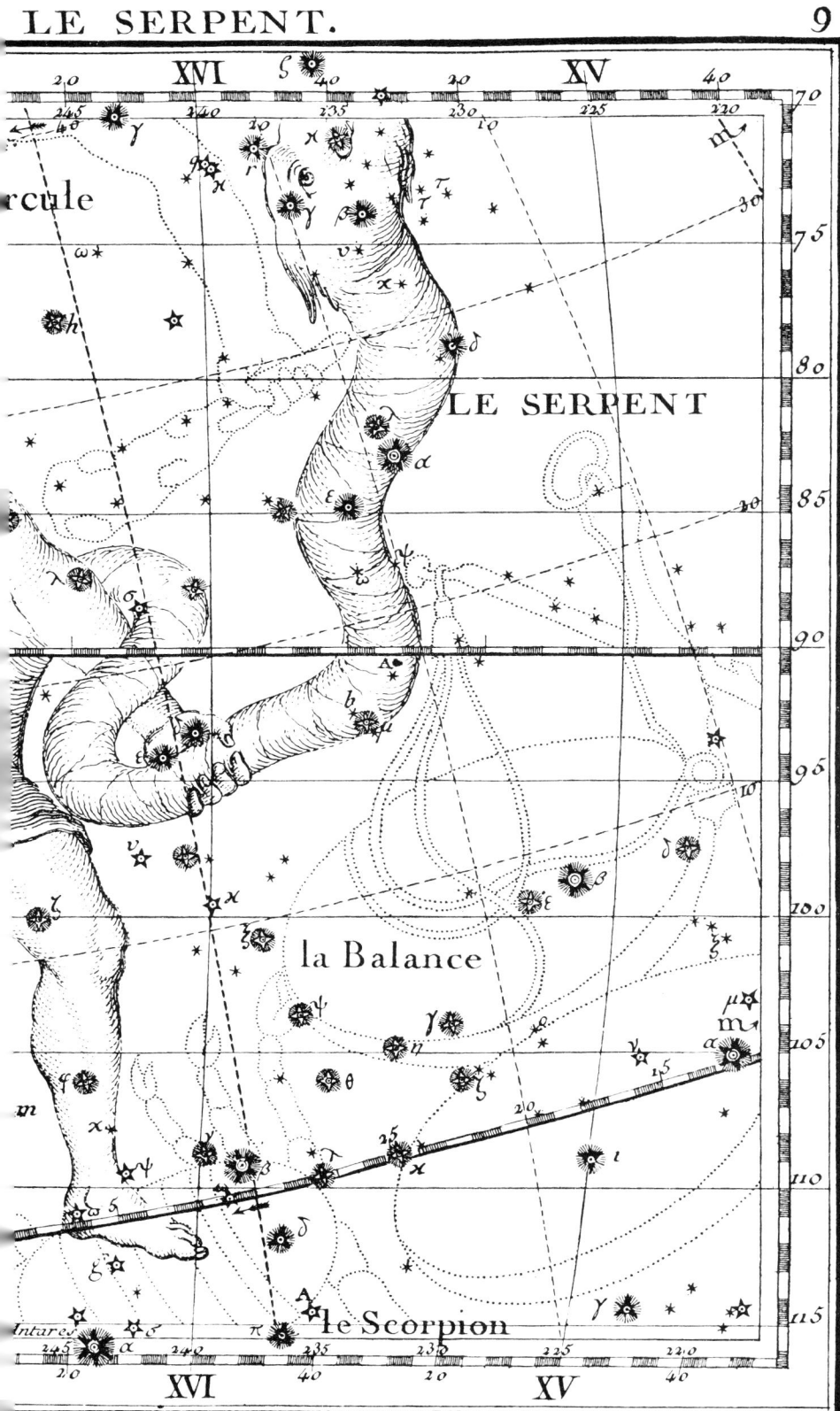

L'AIGLE, ANTINOUS, LA FL[ECHE]

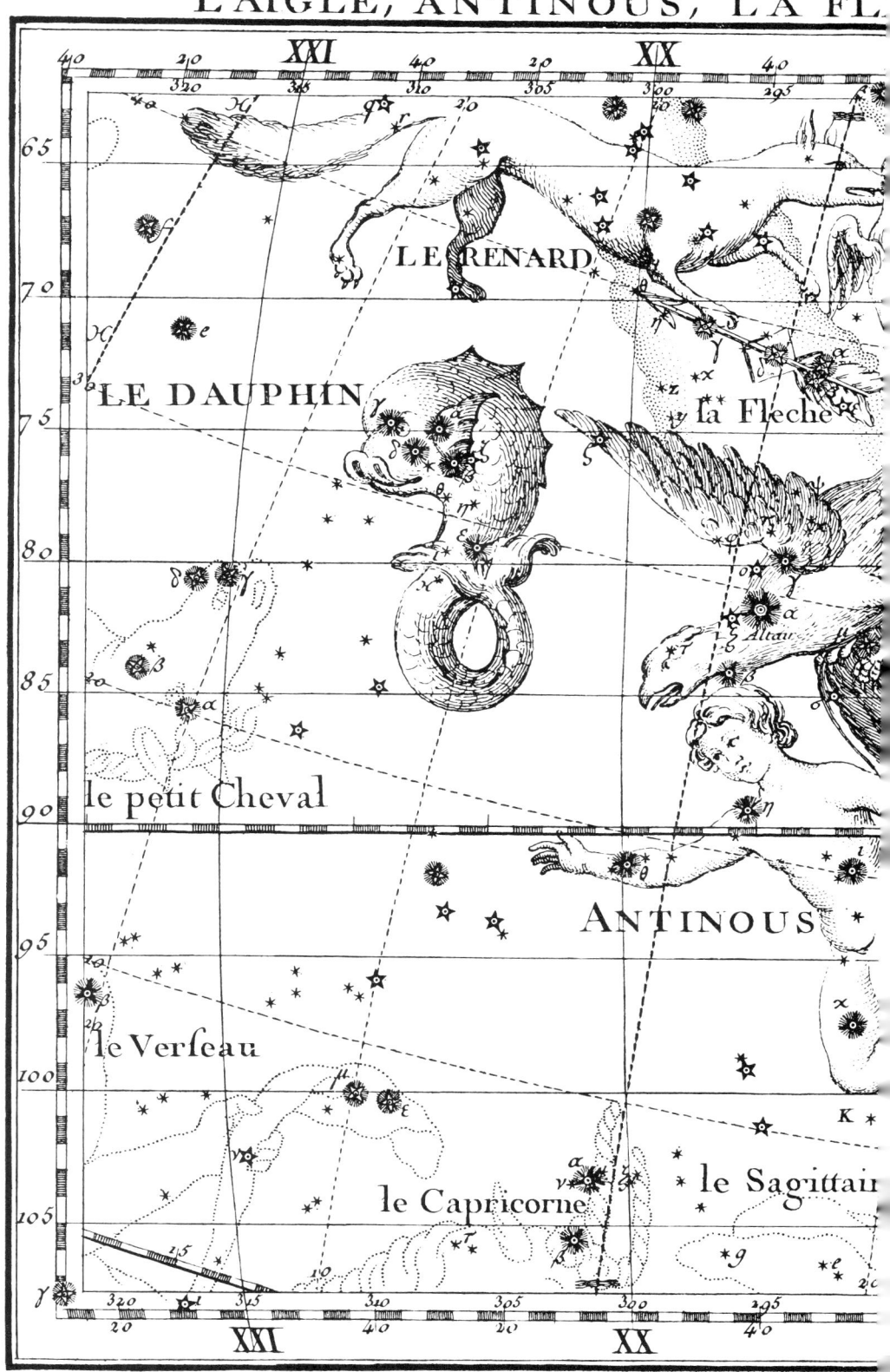

LE RENARD

LE DAUPHIN

la Fleche

le petit Cheval

ANTINOUS

le Verseau

le Capricorne

le Sagittai[re]

IE, LE RENARD, LE DAUPHIN,

le Rameau et Cerbere

le Taureau Royal de Poniatowski

AIGLE

le Serpentaire

le Serpent

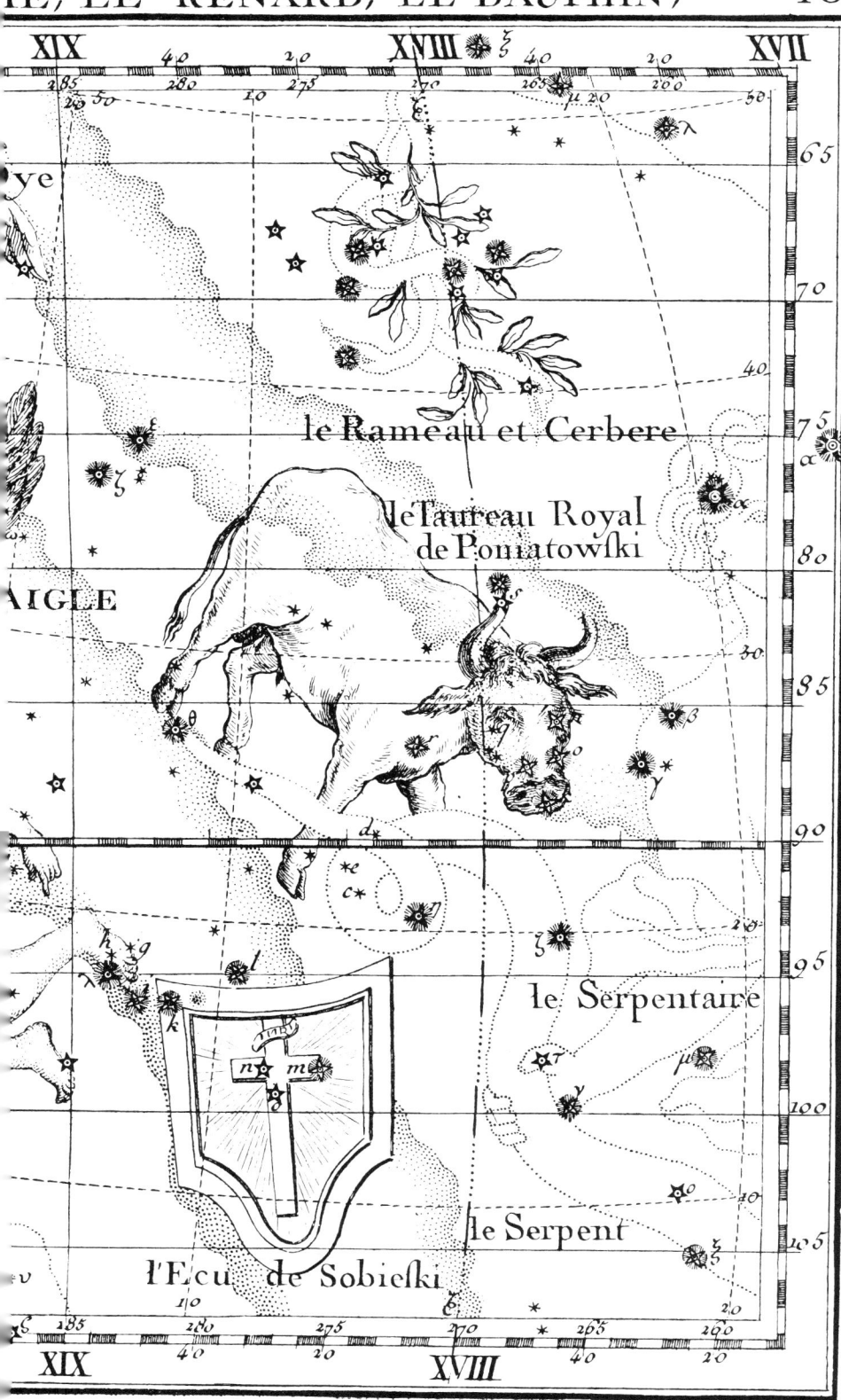

l'Ecu de Sobieski

LA LYRE, LE CIGNE, LE

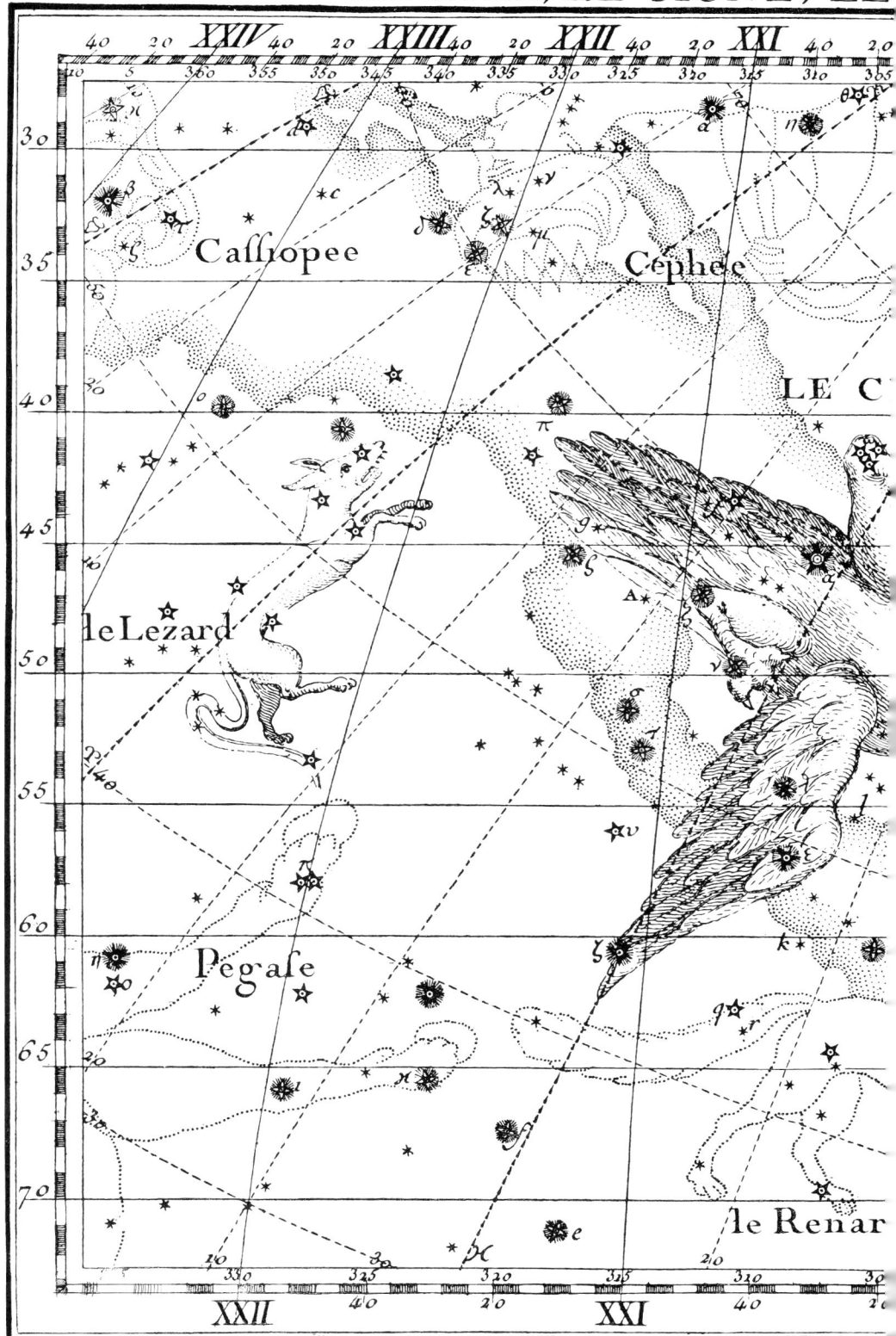

Cassiopée   Céphée

LE C

le Lezard

Pegase

le Renar

ZARD, LE RENARD.

le Dragon

Hercule

LA LYRE

l'Oye

la Fleche

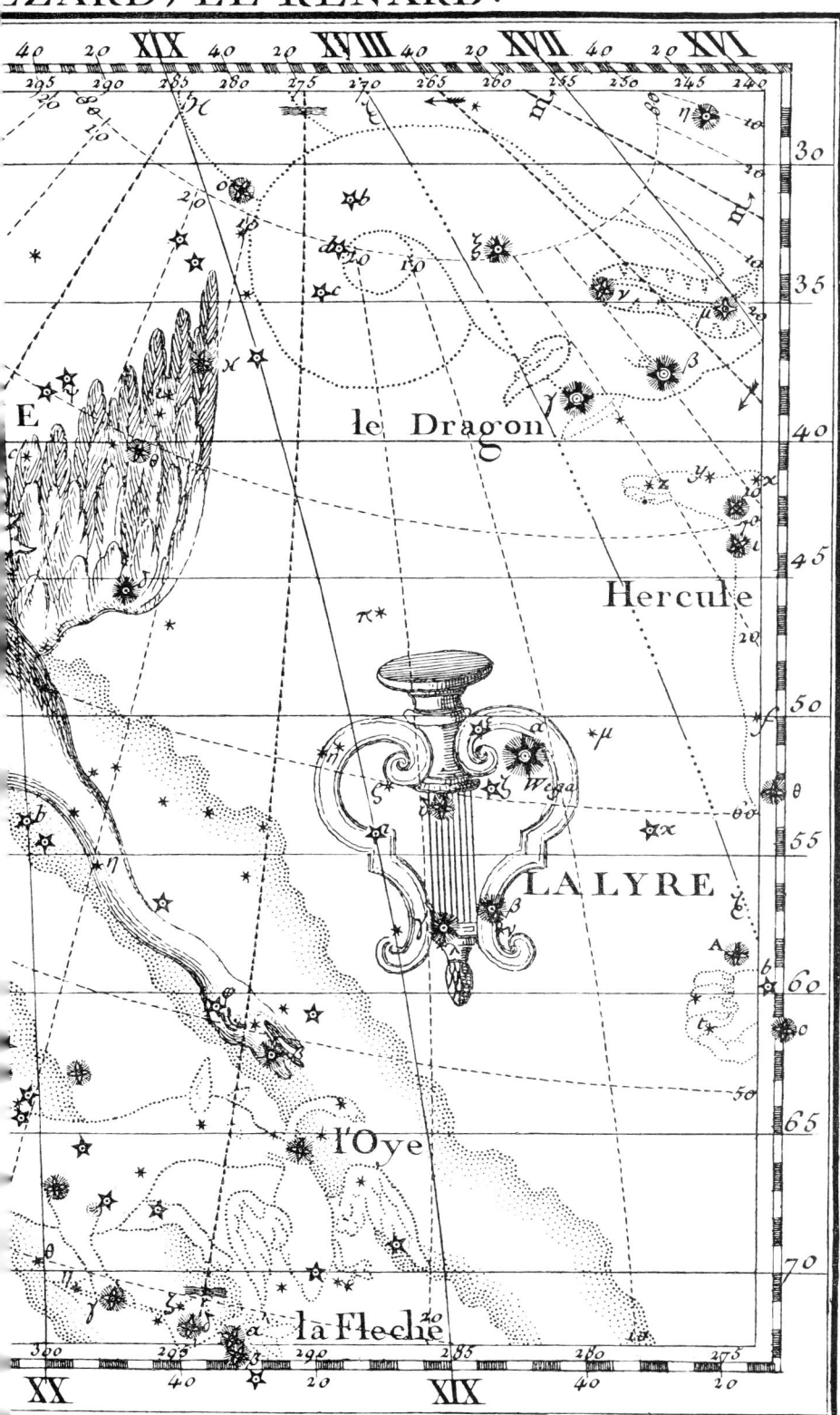

PEGASE, LE PETIT C

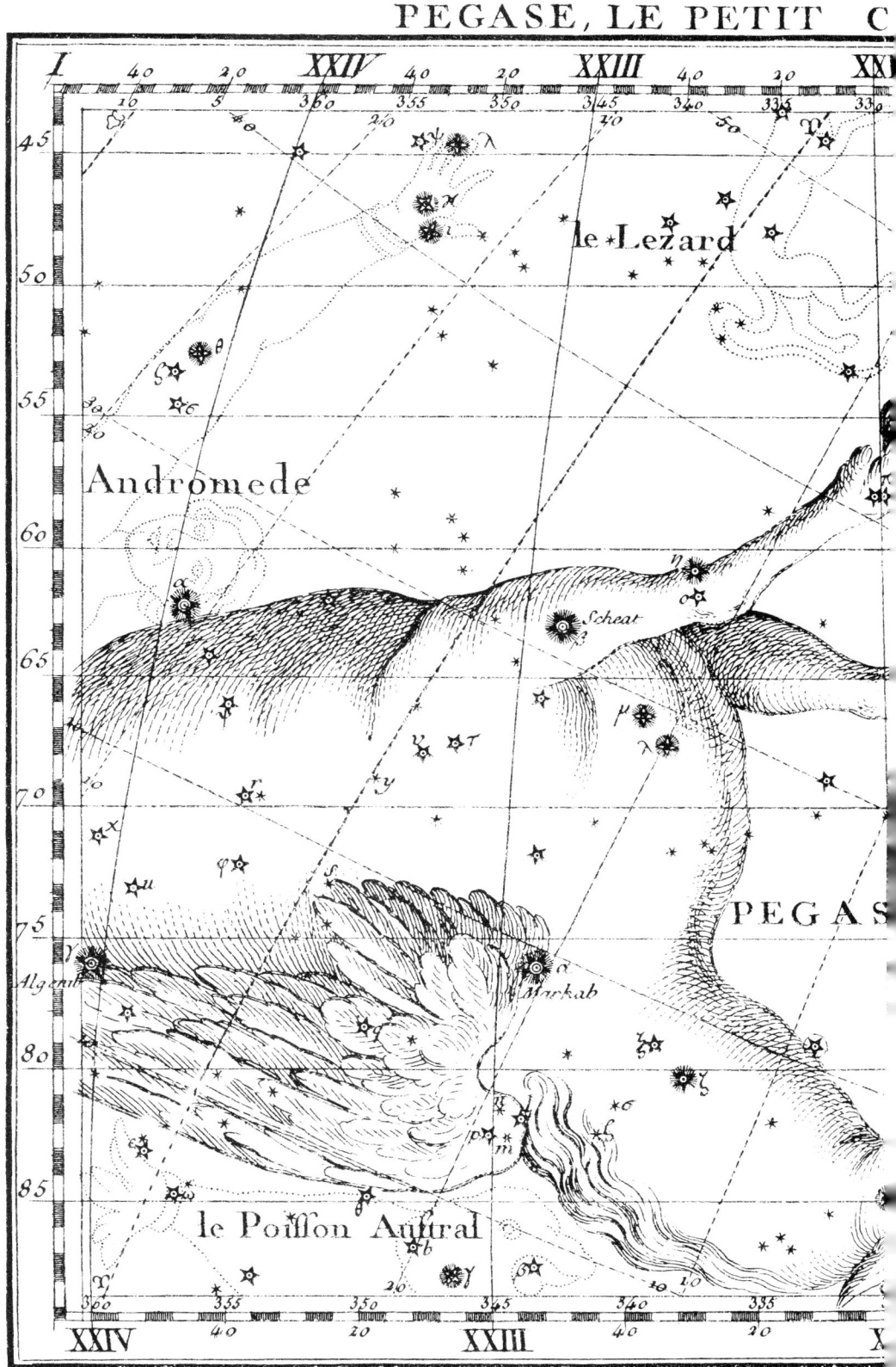

le Lezard

Andromede

Scheat

PEGAS

Algenib Markab

le Poisson Austral

VAL, LE DAUPHIN.

le Cigne

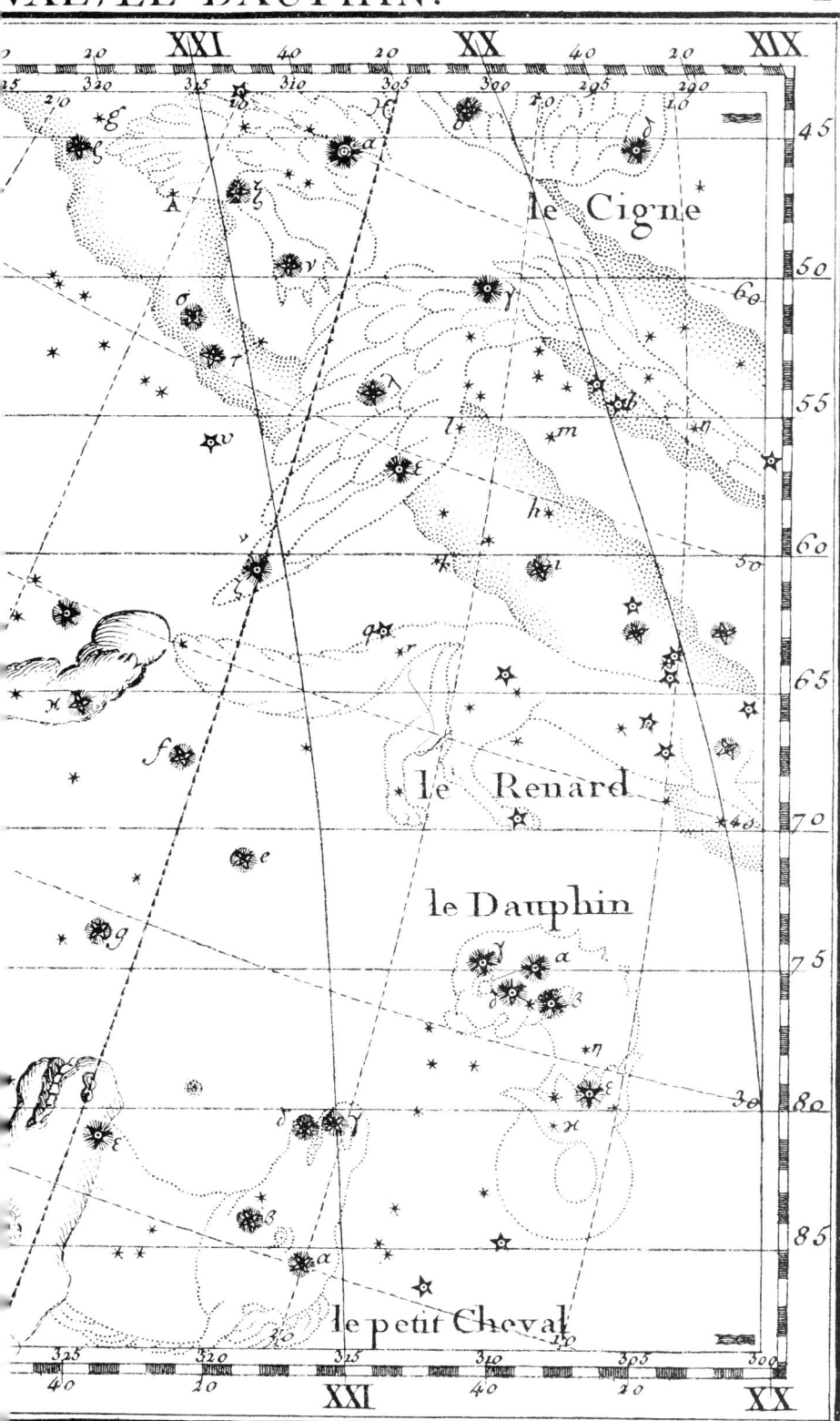

le Renard

le Dauphin

le petit Cheval

Persée

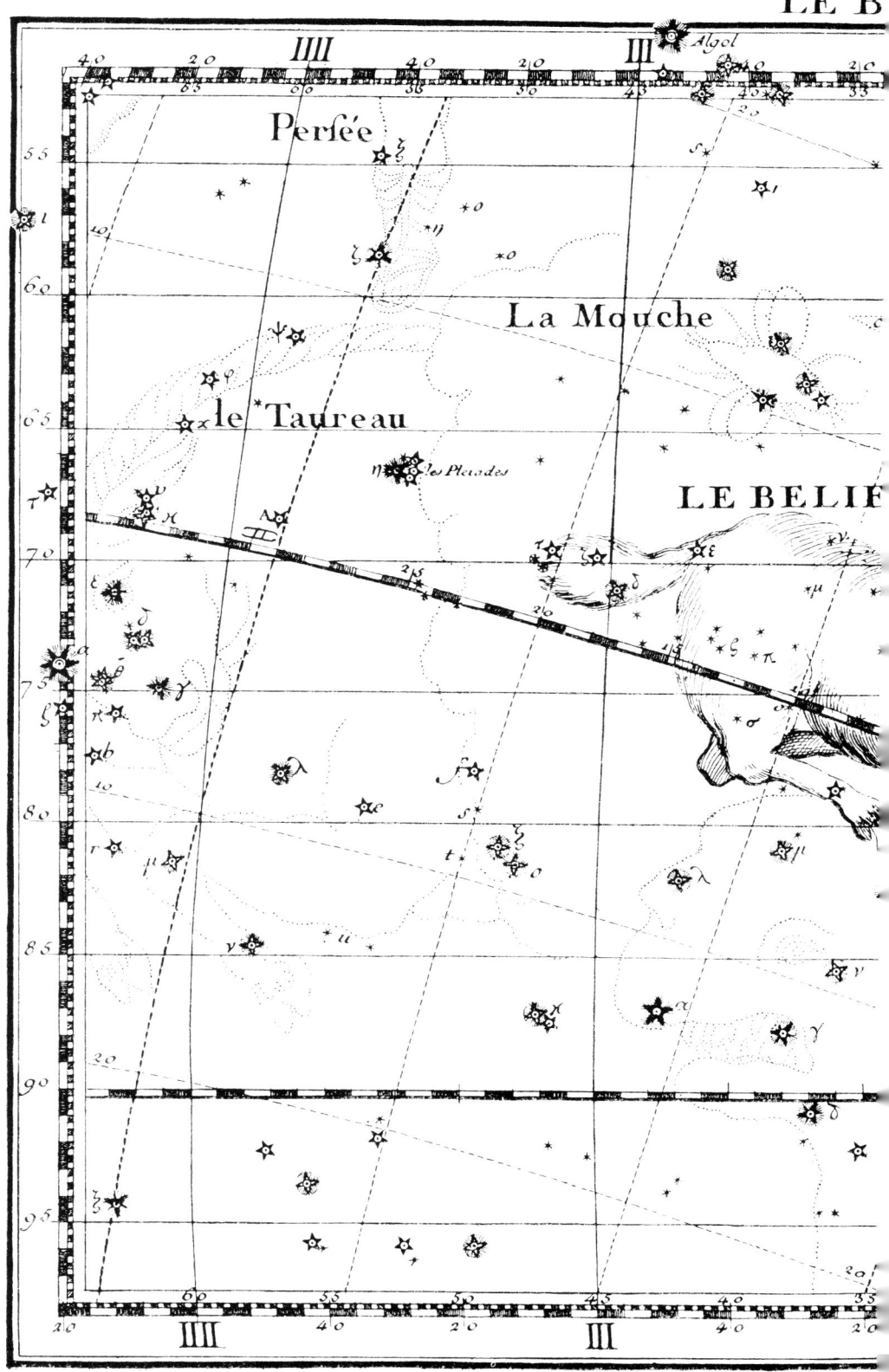

La Mouche

le Taureau

les Pleiades

LE BÉLI[ER]

Triangles

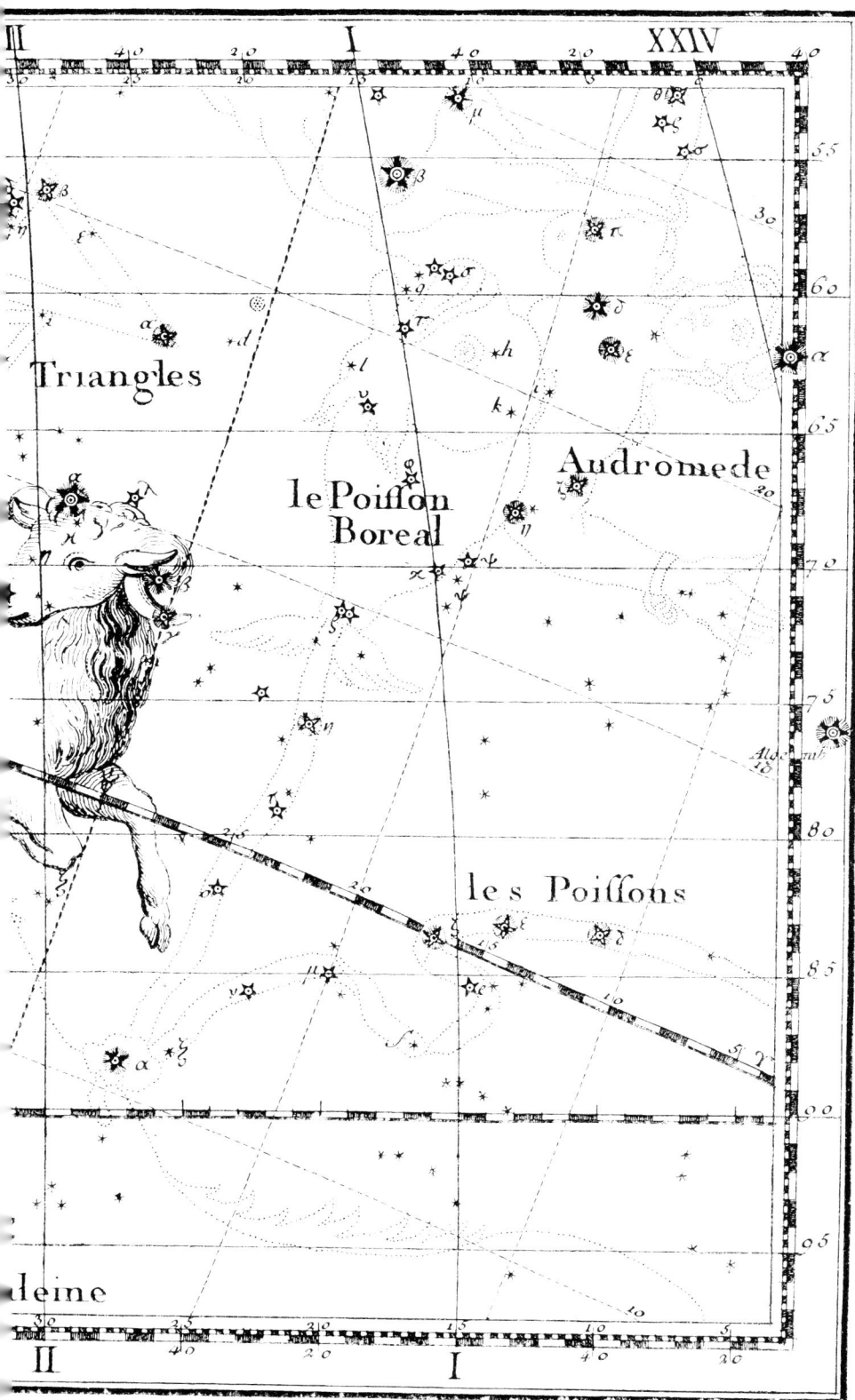

Andromede

le Poisson
Boreal

les Poissons

LE TA

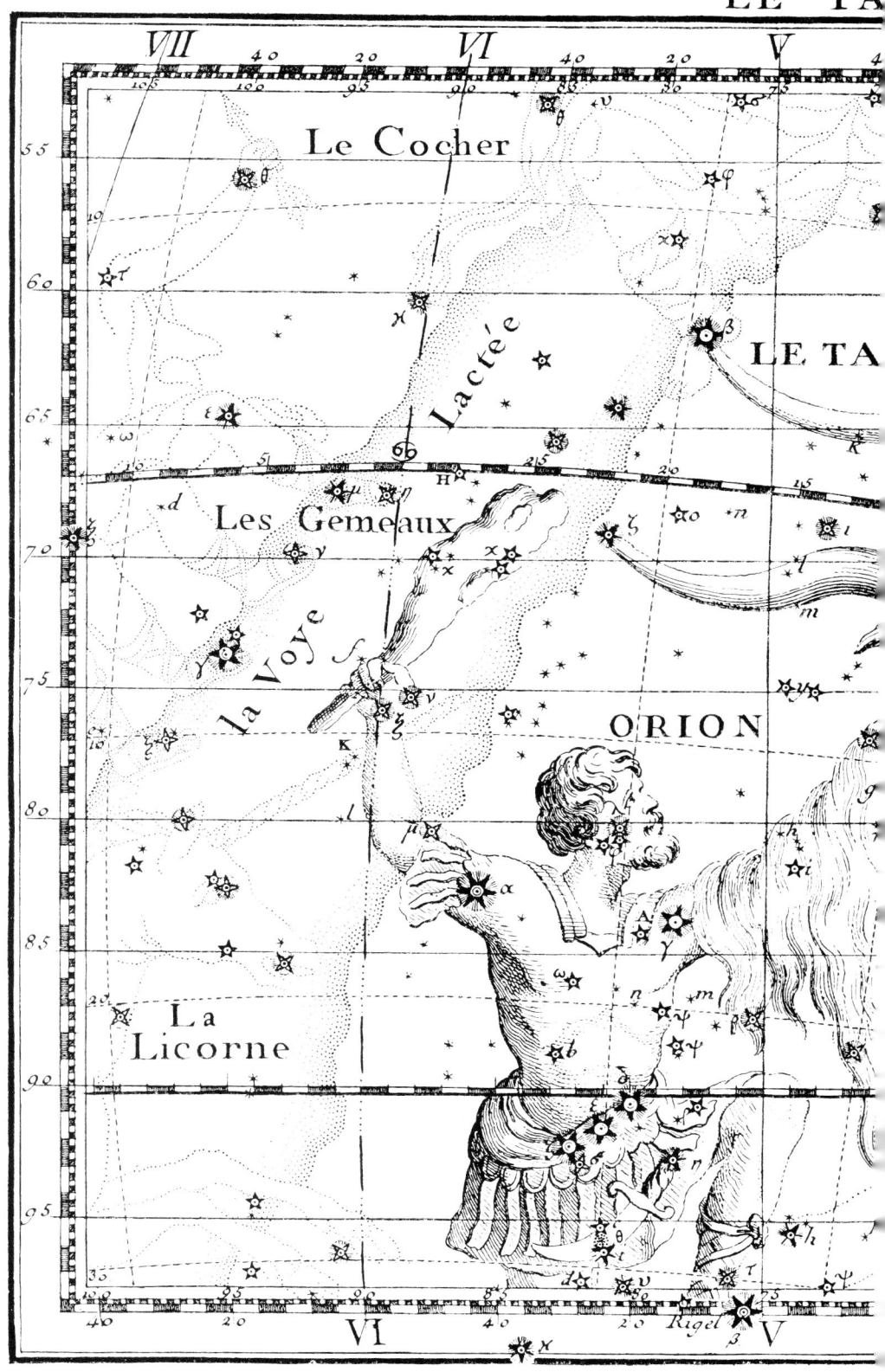

VII 40 20 VI 40 20 V

Le Cocher

LE TA

Lactée

Les Gemeaux

la Voye

ORION

La Licorne

Rigel

VI V

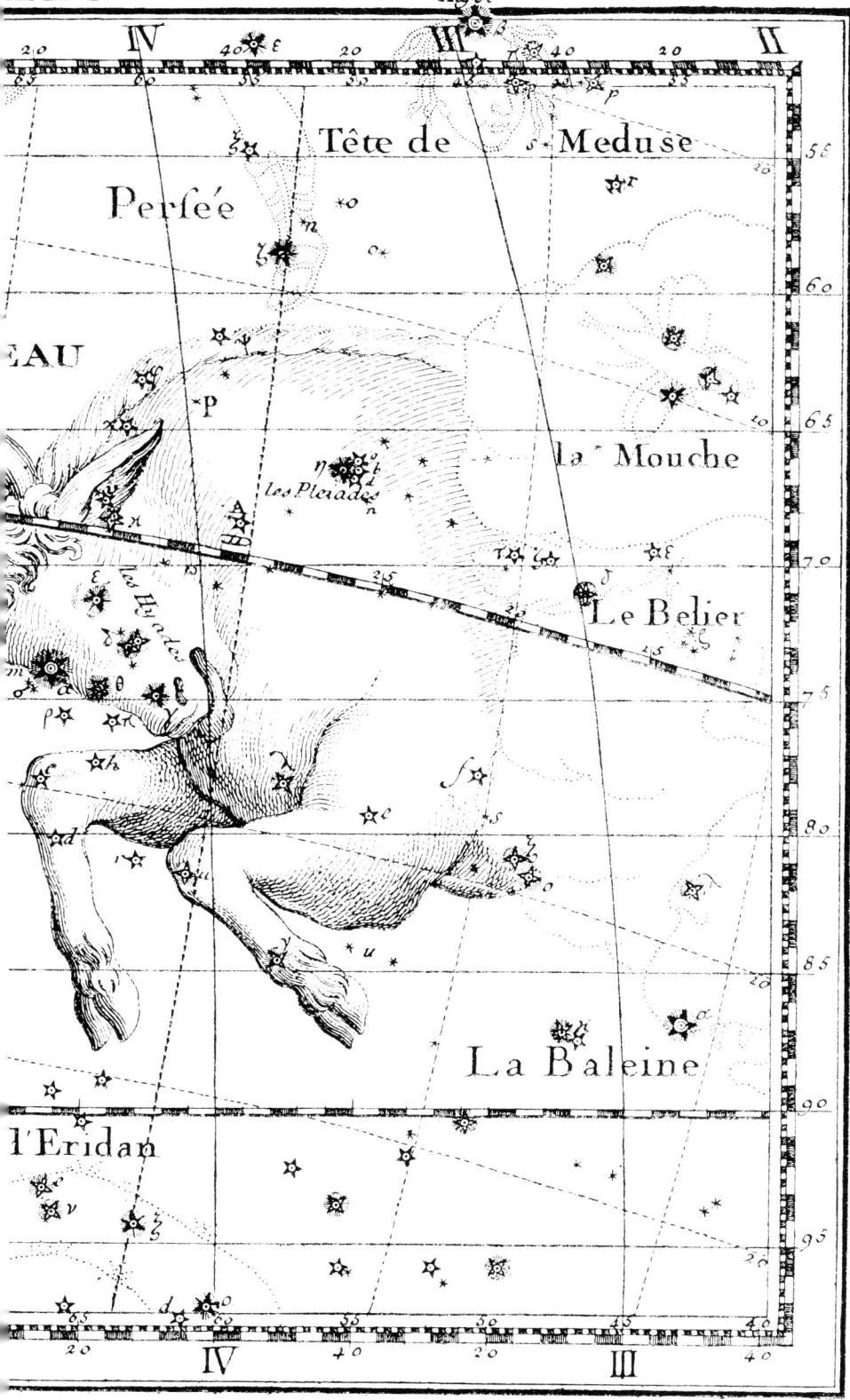

EAU   Algol
                Tête de Meduse
Perſée
                    La Mouche
        les Pleiades
        les Hyades   Le Belier

                La Baleine

l'Eridan

LES GE

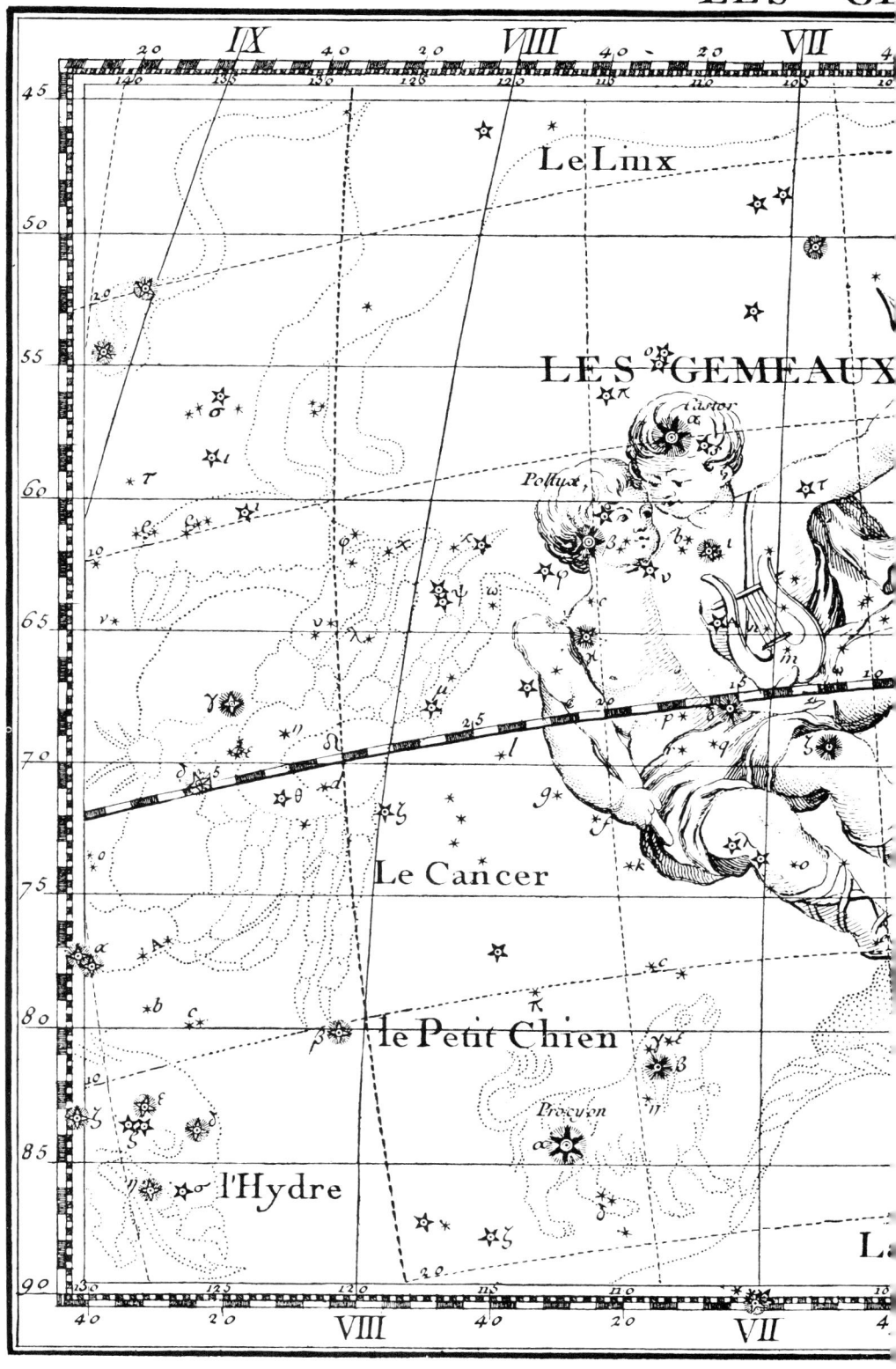

Le Linx

LES GEMEAUX

Castor
Pollux

Le Cancer

le Petit Chien

Procyon

l'Hydre

Le Cocher

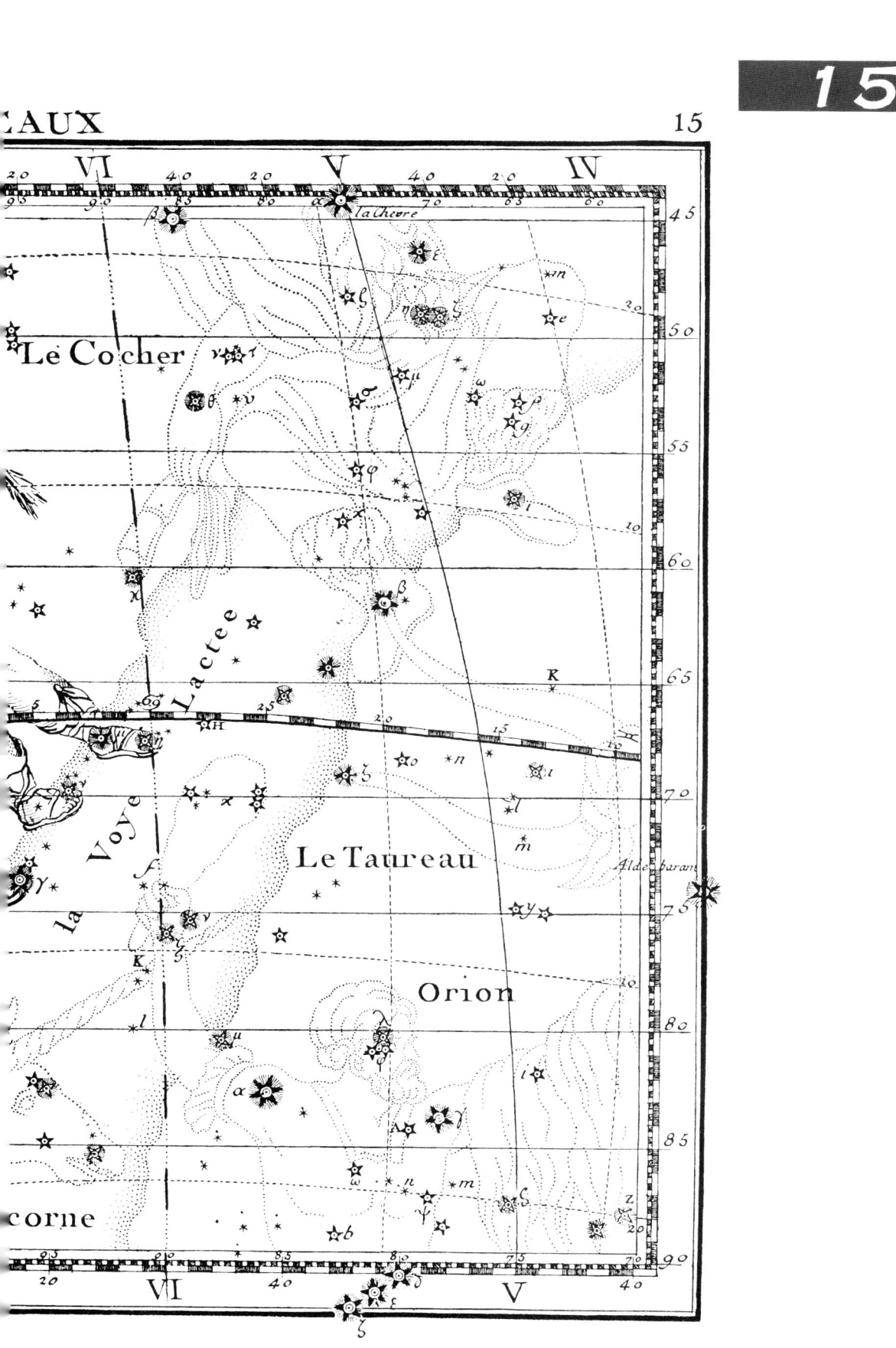

la Voye Lactée

Le Taureau

Orion

LE C

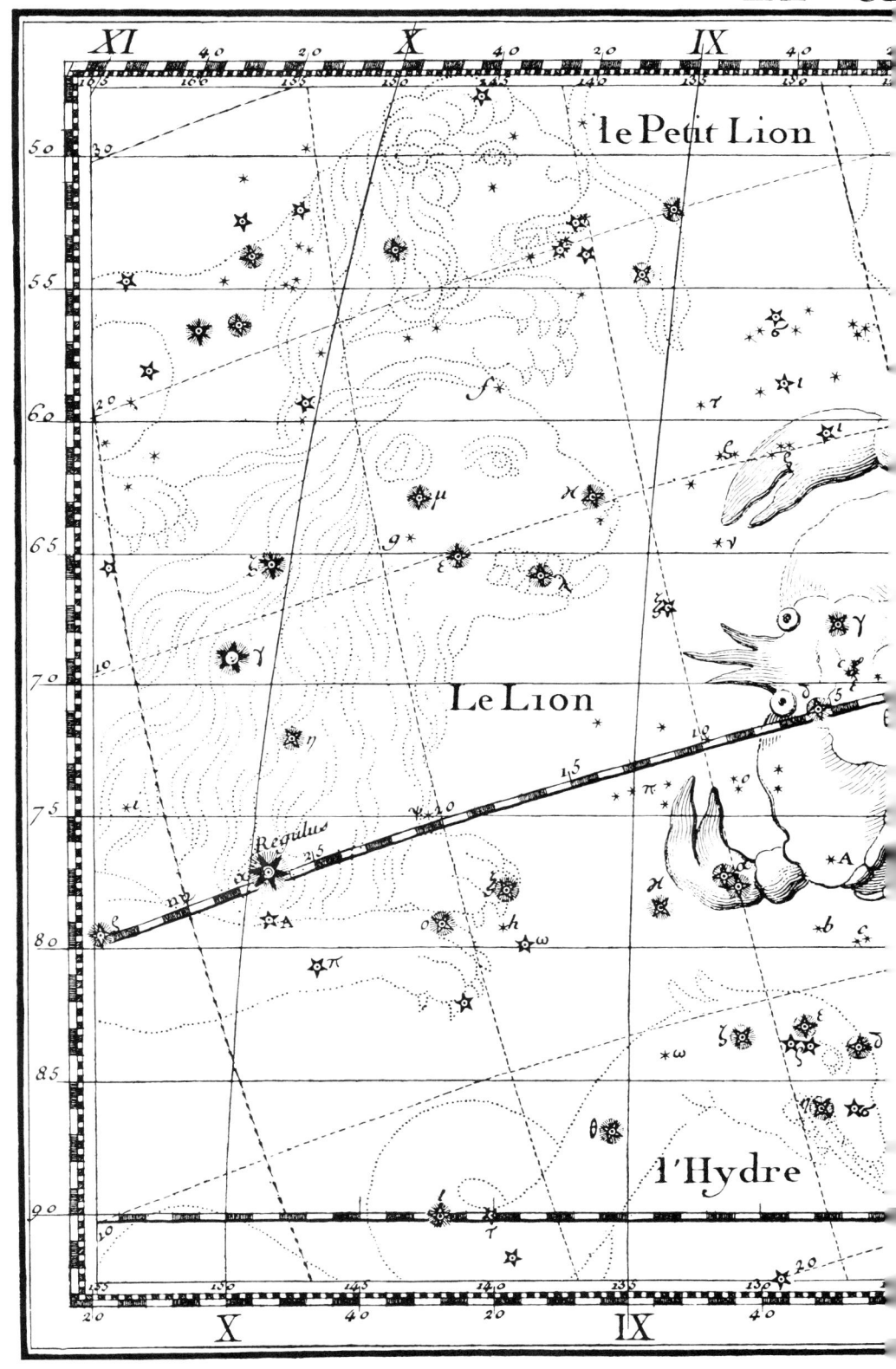

le Petit Lion

Le Lion

l'Hydre

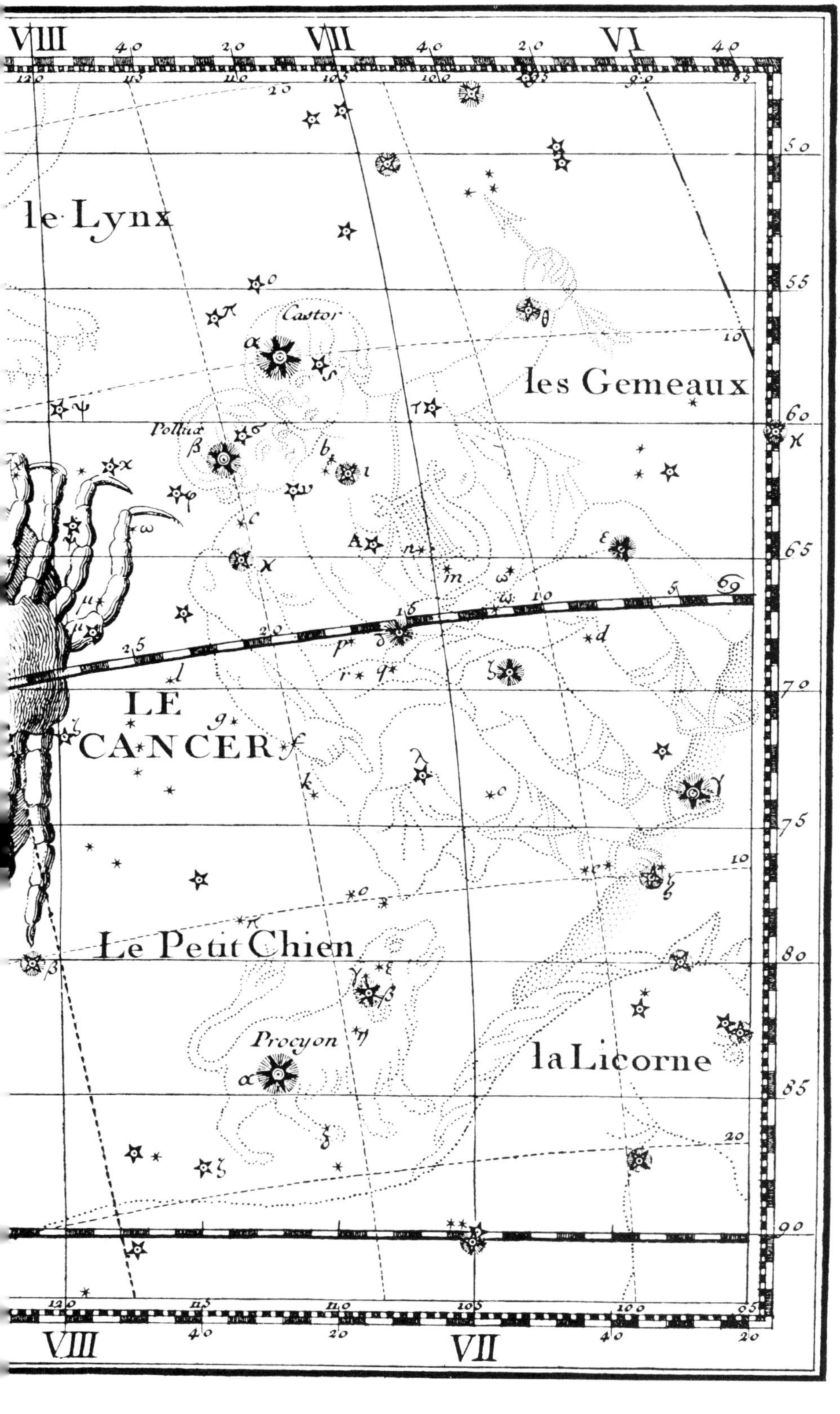
VIII
VII
VI
le Lynx
Castor
Pollux
les Gemeaux
LE
CANCER
Le Petit Chien
Procyon
la Licorne

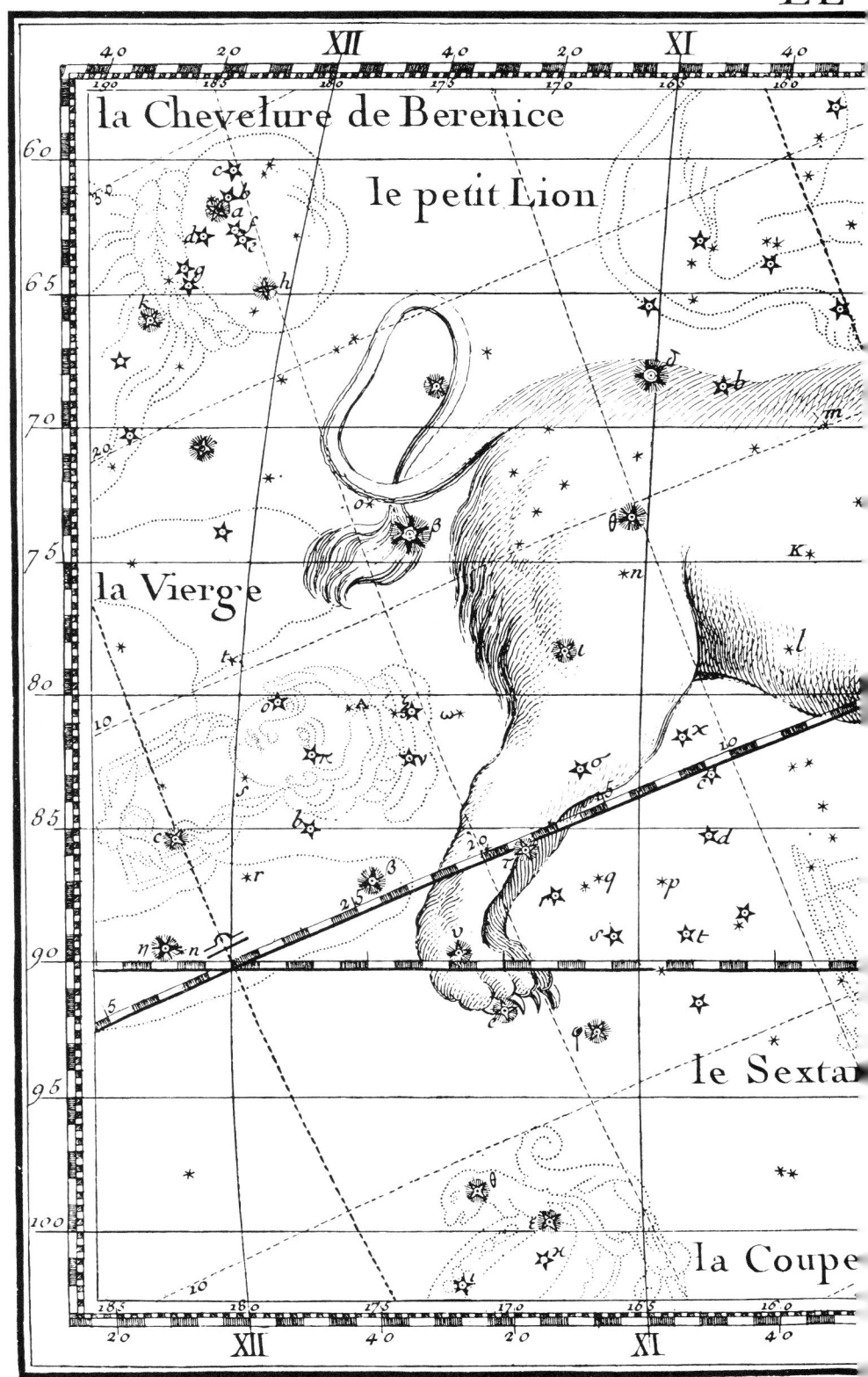

la Chevelure de Berenice

le petit Lion

la Vierge

le Sexta[nt]

la Coupe

LE LION

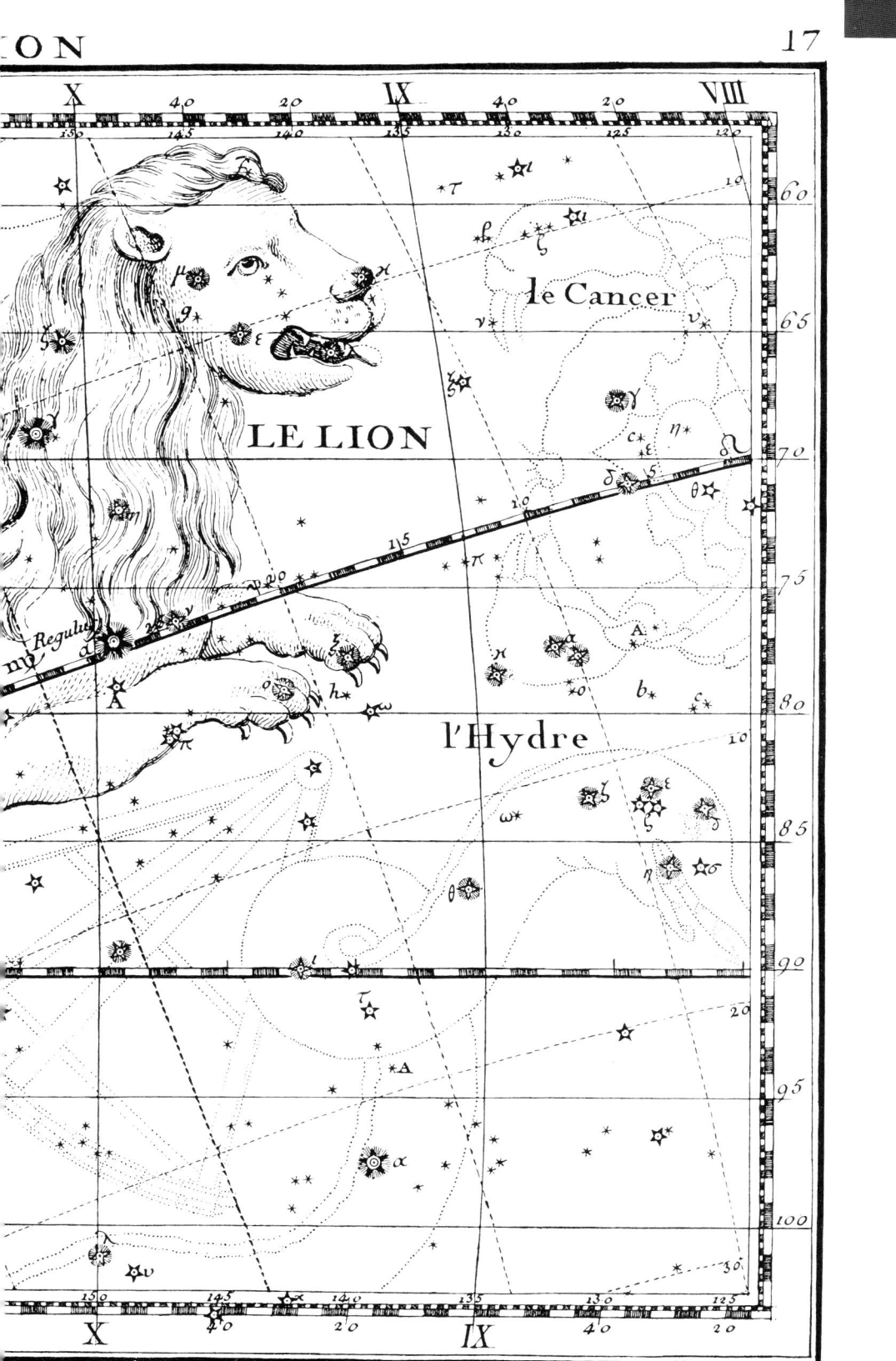

le Cancer

l'Hydre

Regulus

LA

le Bouvier

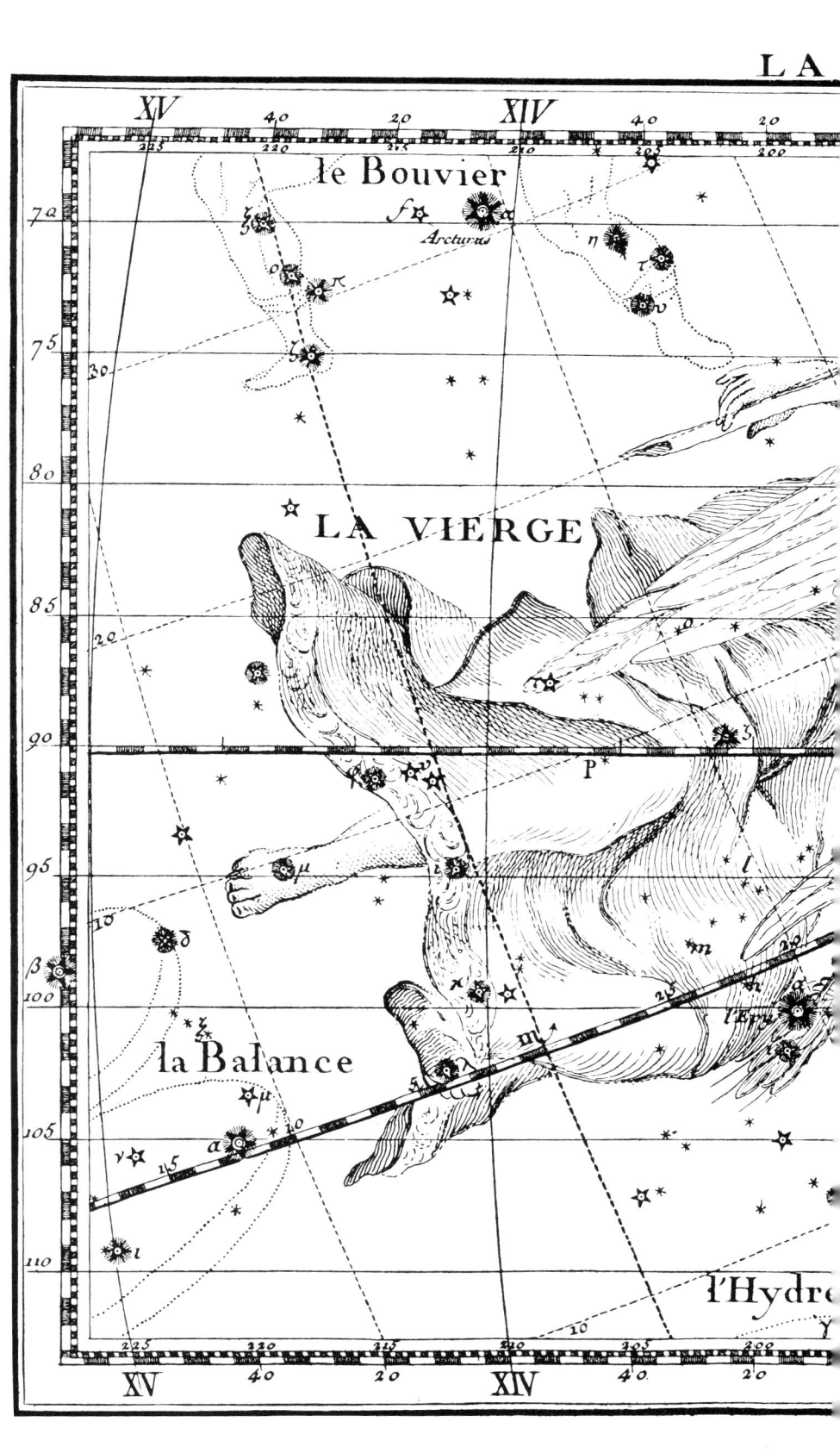

Arcturus

LA VIERGE

la Balance

l'Hydre

ERGE

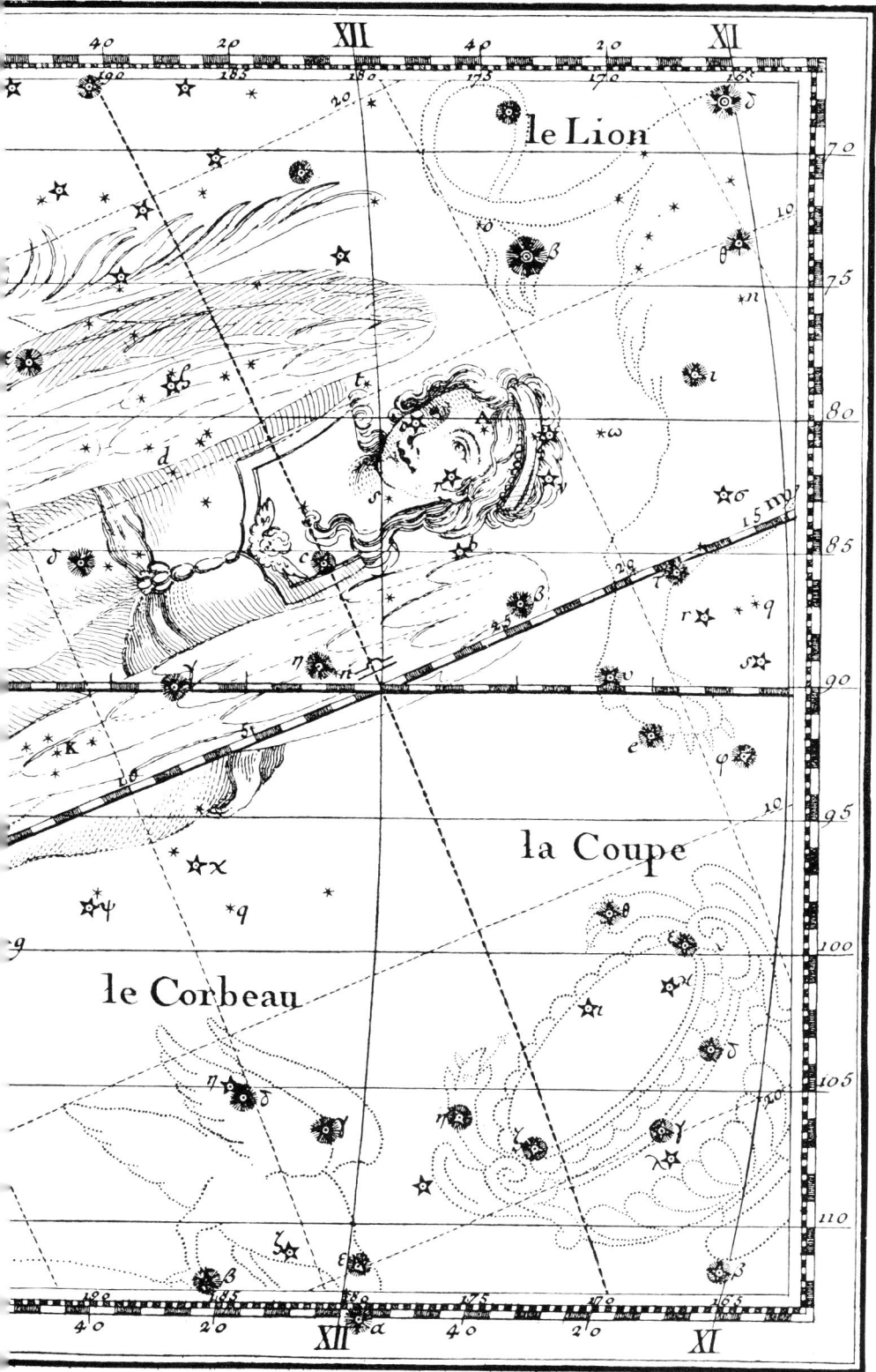

le Lion

la Coupe

le Corbeau

LA BALANCE,

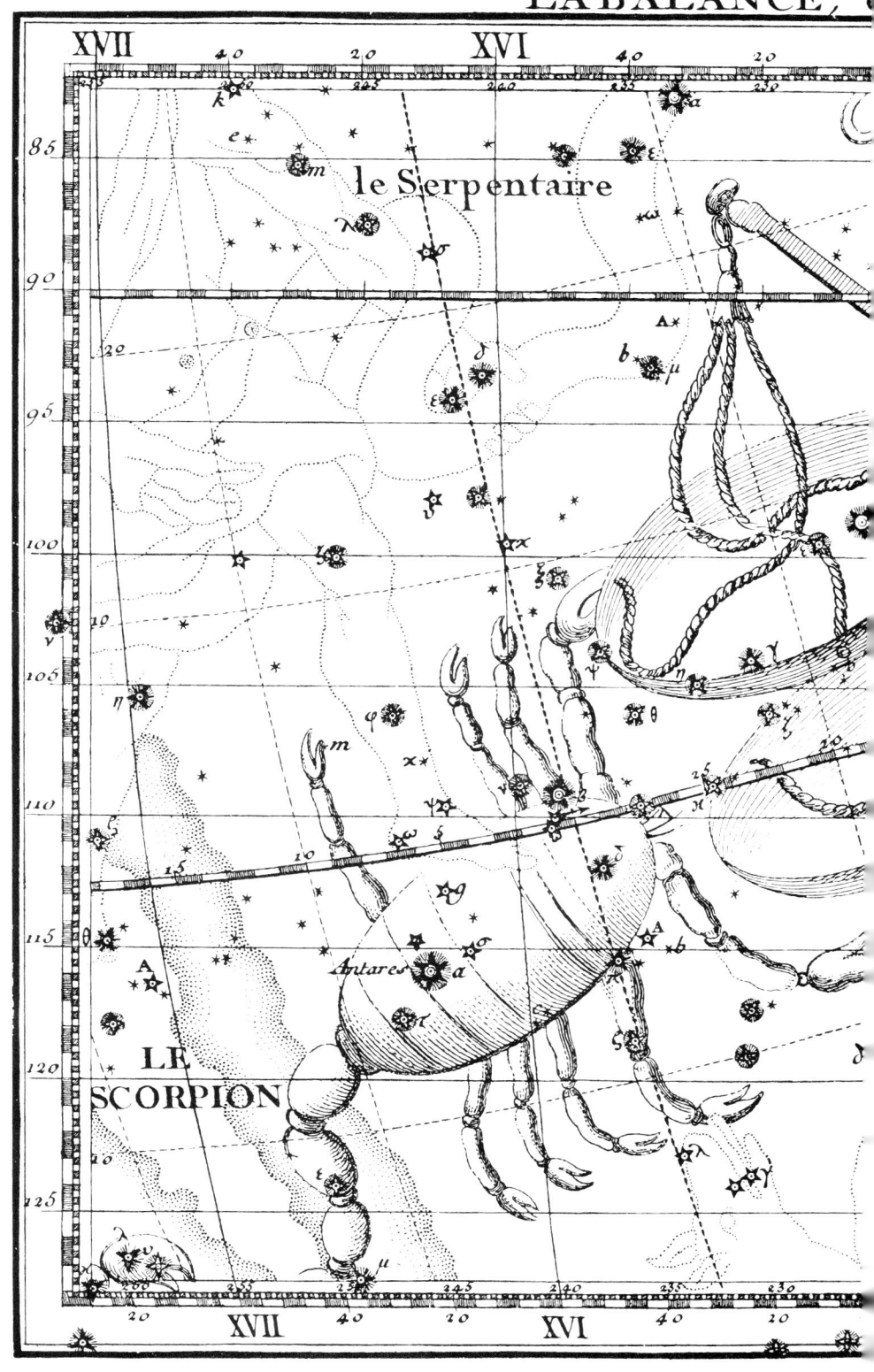

le Serpentaire

LE SCORPION

dreſſé par M. l'Abbé DE LA CAILLE

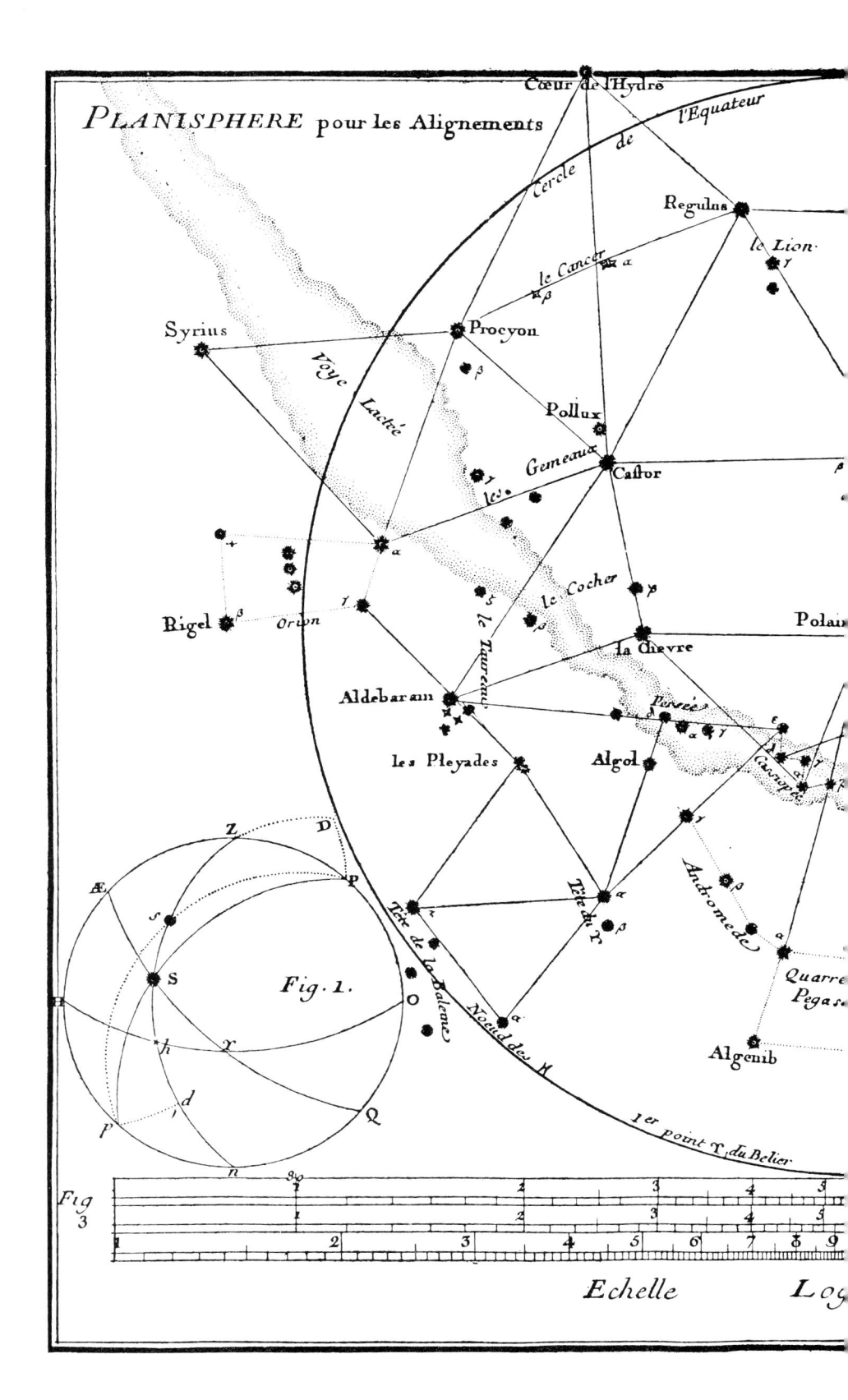

PLANISPHERE pour les Alignements

des principales Etoiles

l'Epy
la Vierge
du ♌
la Balance
Arcturus
Bouvier
Cœur de Charles
le pôle m.
le Cœur
Antares
Ourse
la Couronne
Tête du Serpent
Ourse
Hercule
Tête du Dragon
Tête du Serpentaire
la Lyre
Wega
Cigne
Altair
l'Aigle
le Dauphin
le pt Cheval
Epaules du
Tête du ♑

Fig. 2

Z
P
A
B

Tangente
Sinus
Nombres

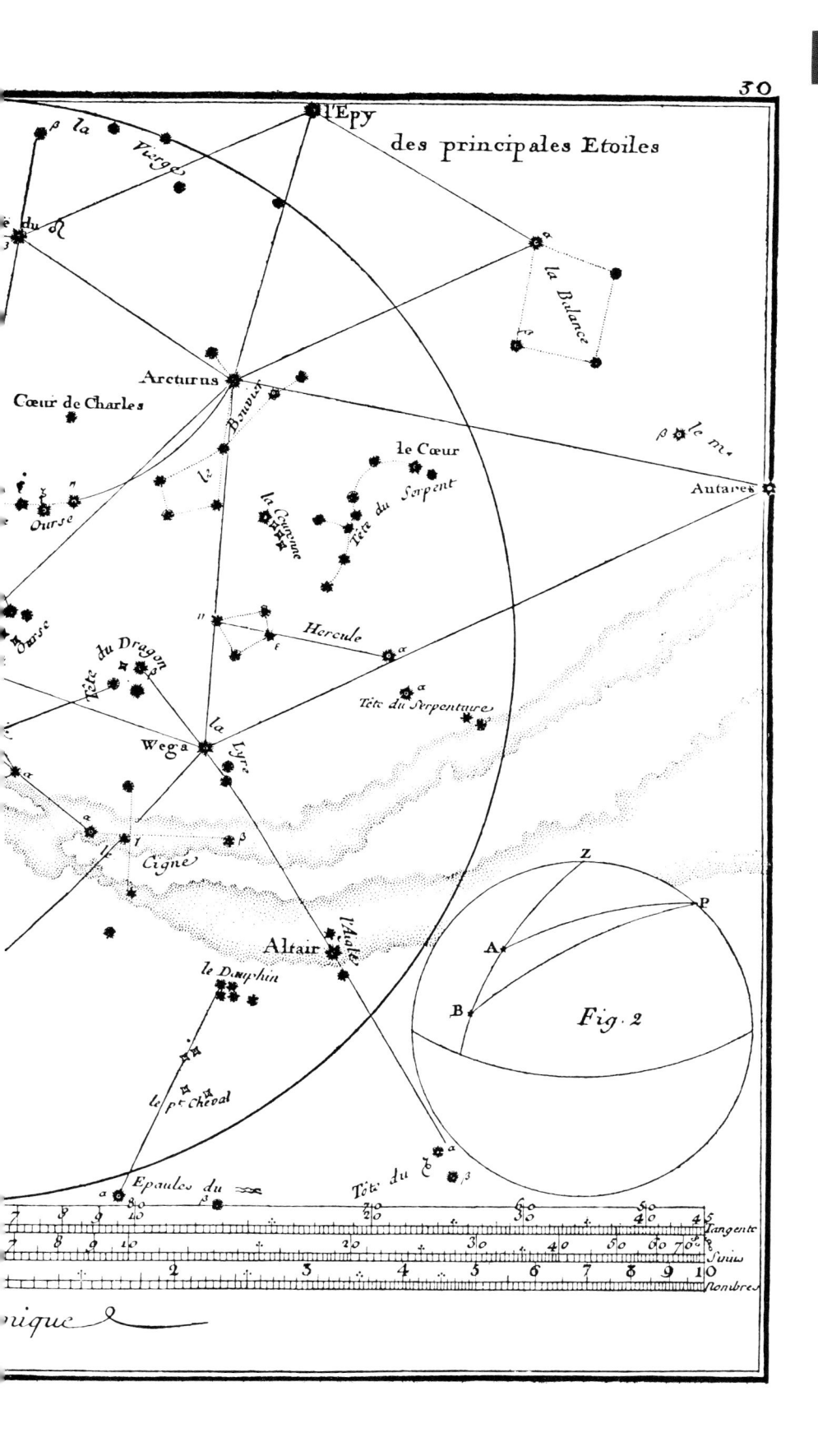

LE SCORPION

la Vierge

LA BALANCE

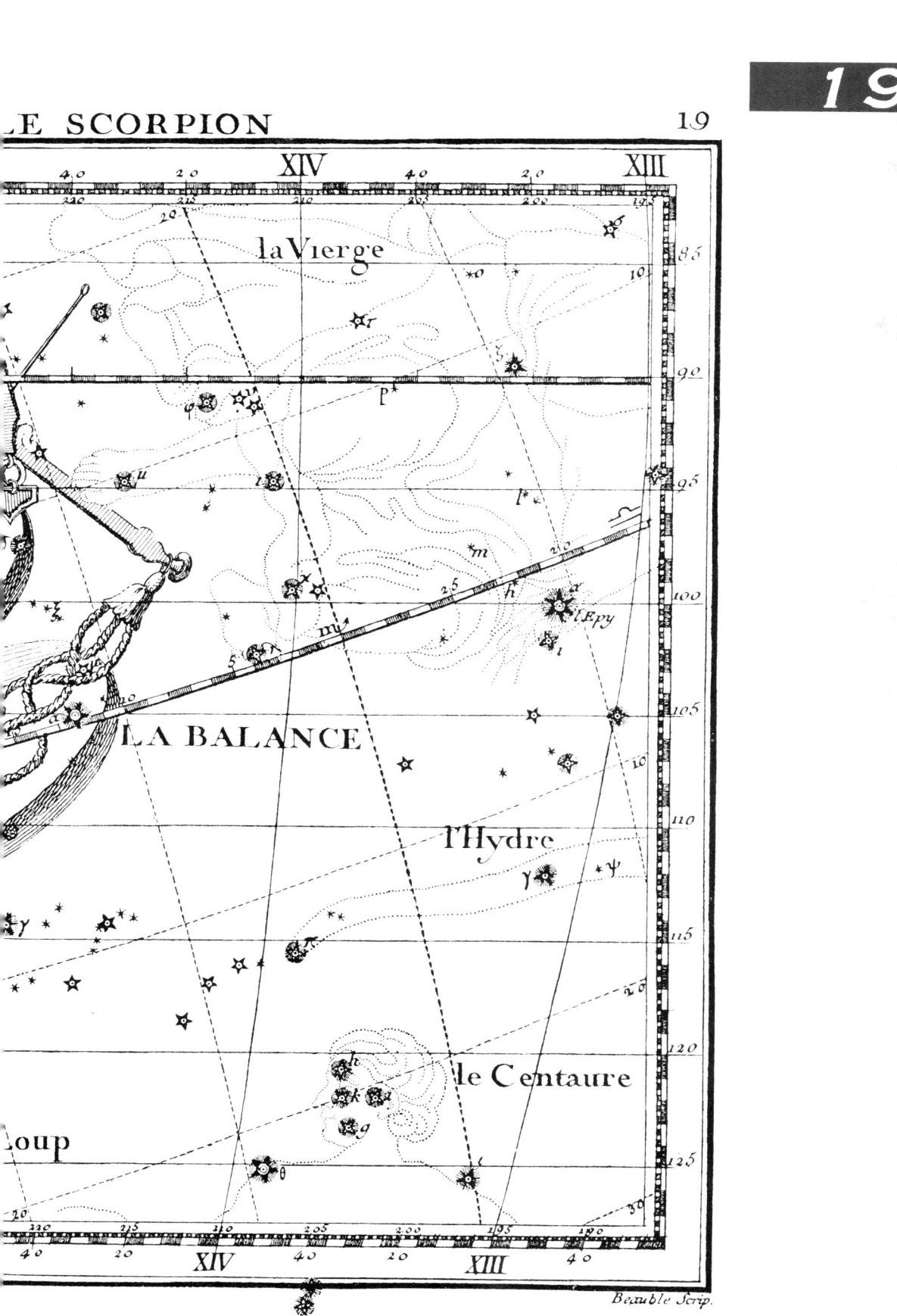

l'Hydre

le Centaure

Loup

Beauble Scrip.

LE SAG

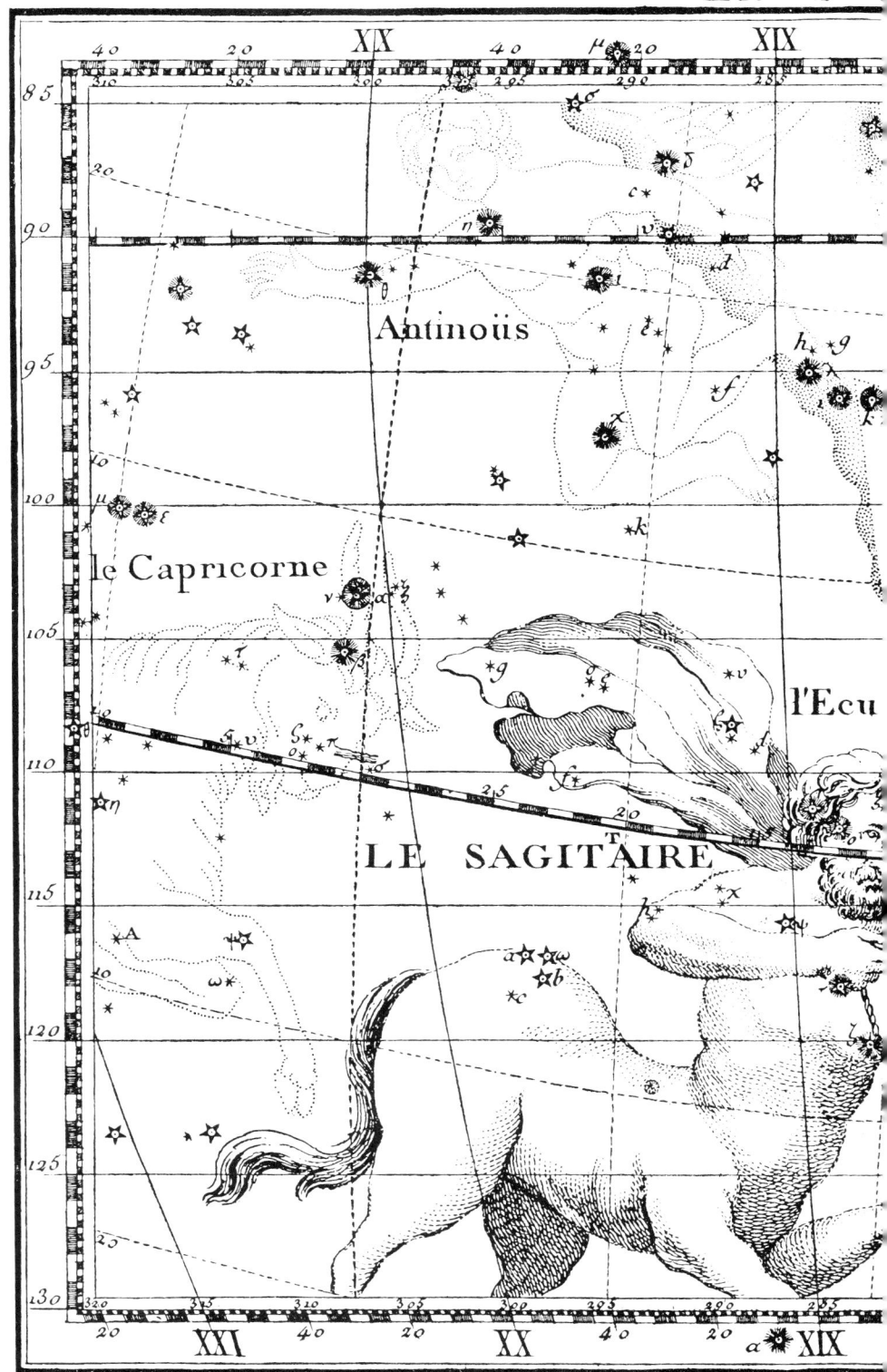

Antinoüs

le Capricorne

l'Ecu

LE SAGITAIRE

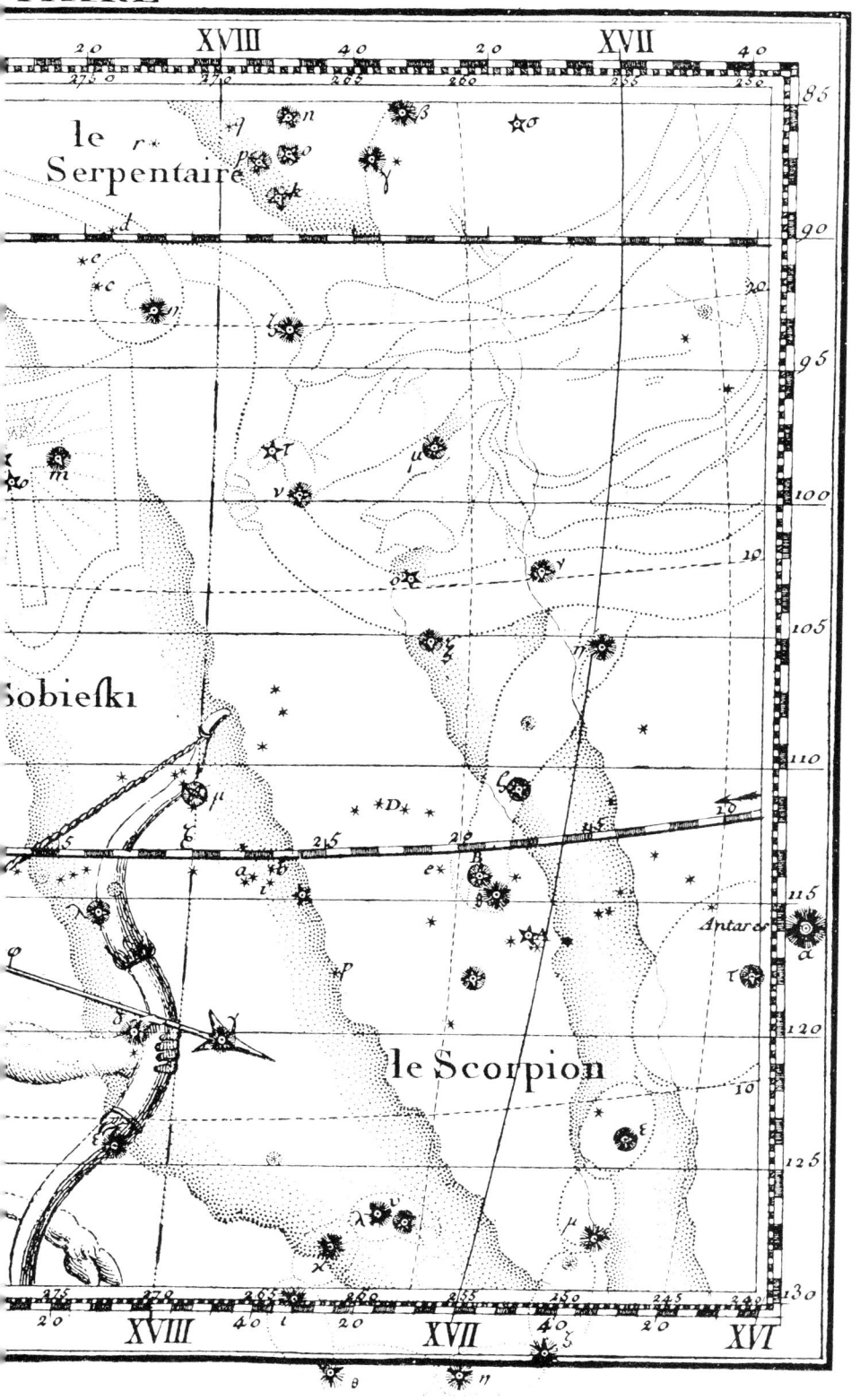

le Serpentaire

Sobieski

le Scorpion

Antares

LE CAPRICORN

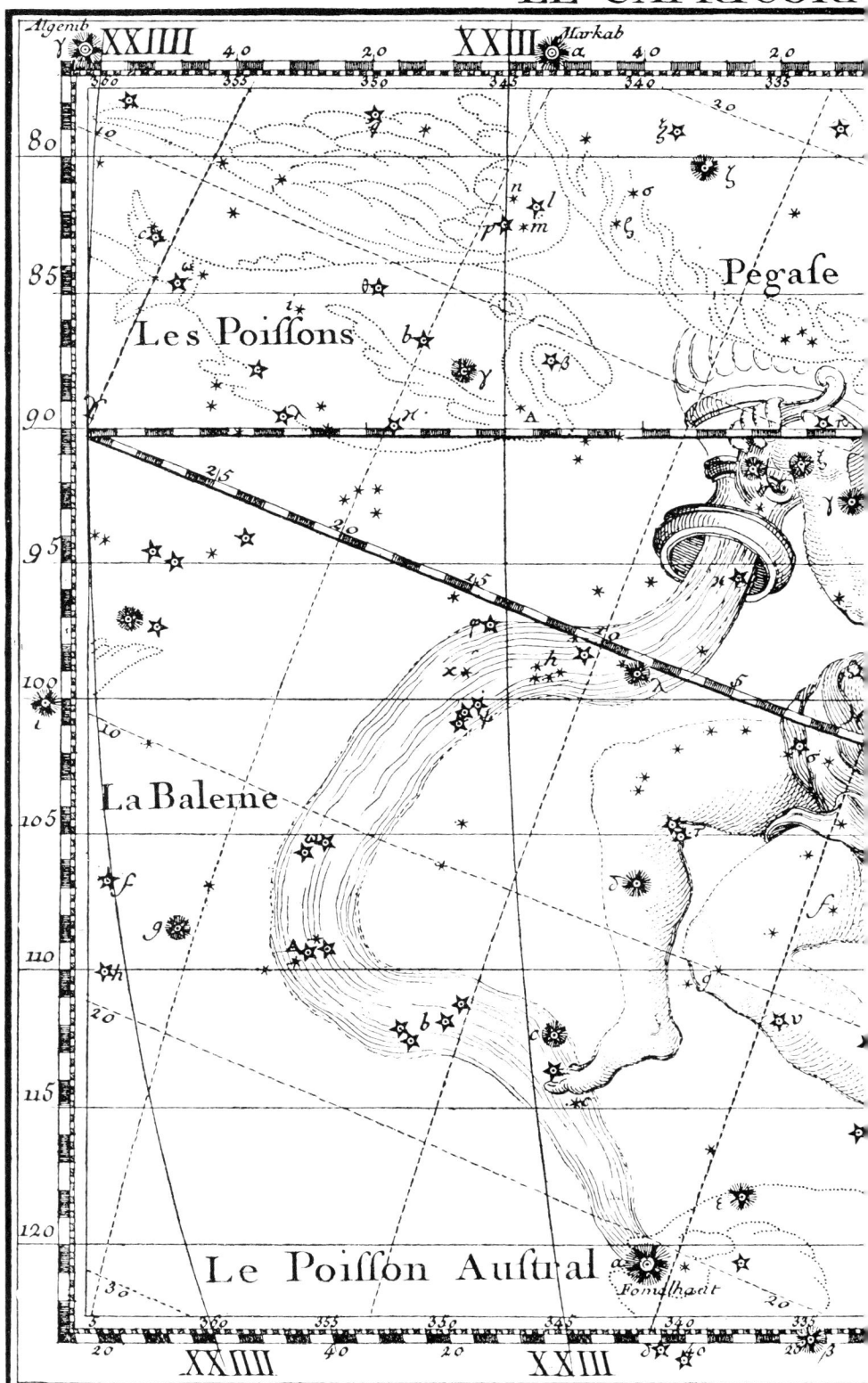

Pégase

Les Poissons

La Baleine

Le Poisson Austral

LE VERSEAU

le p.tit Cheval

Le Dauphin

LE VERSEAU

LE CAPRICORNE

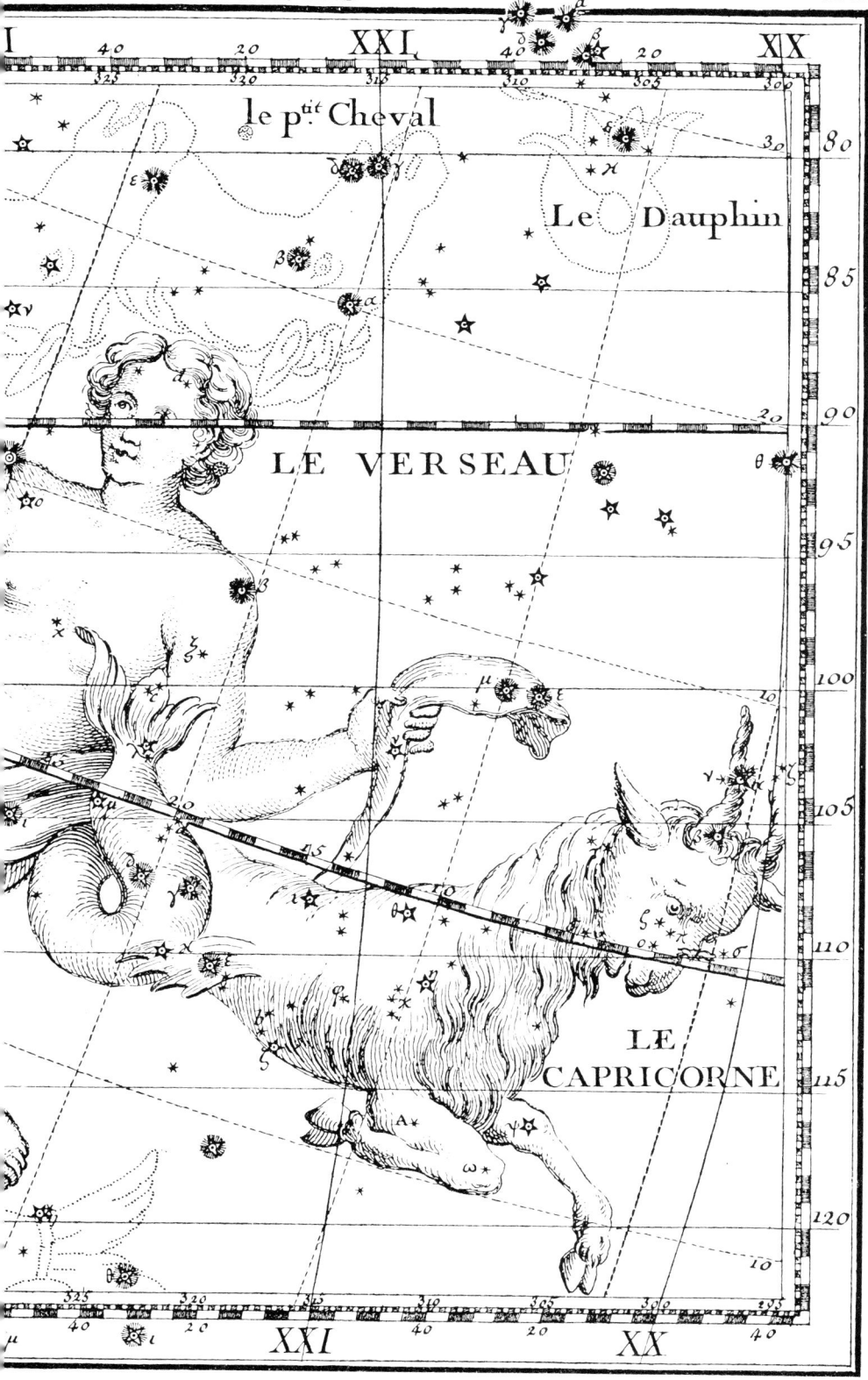

LES P

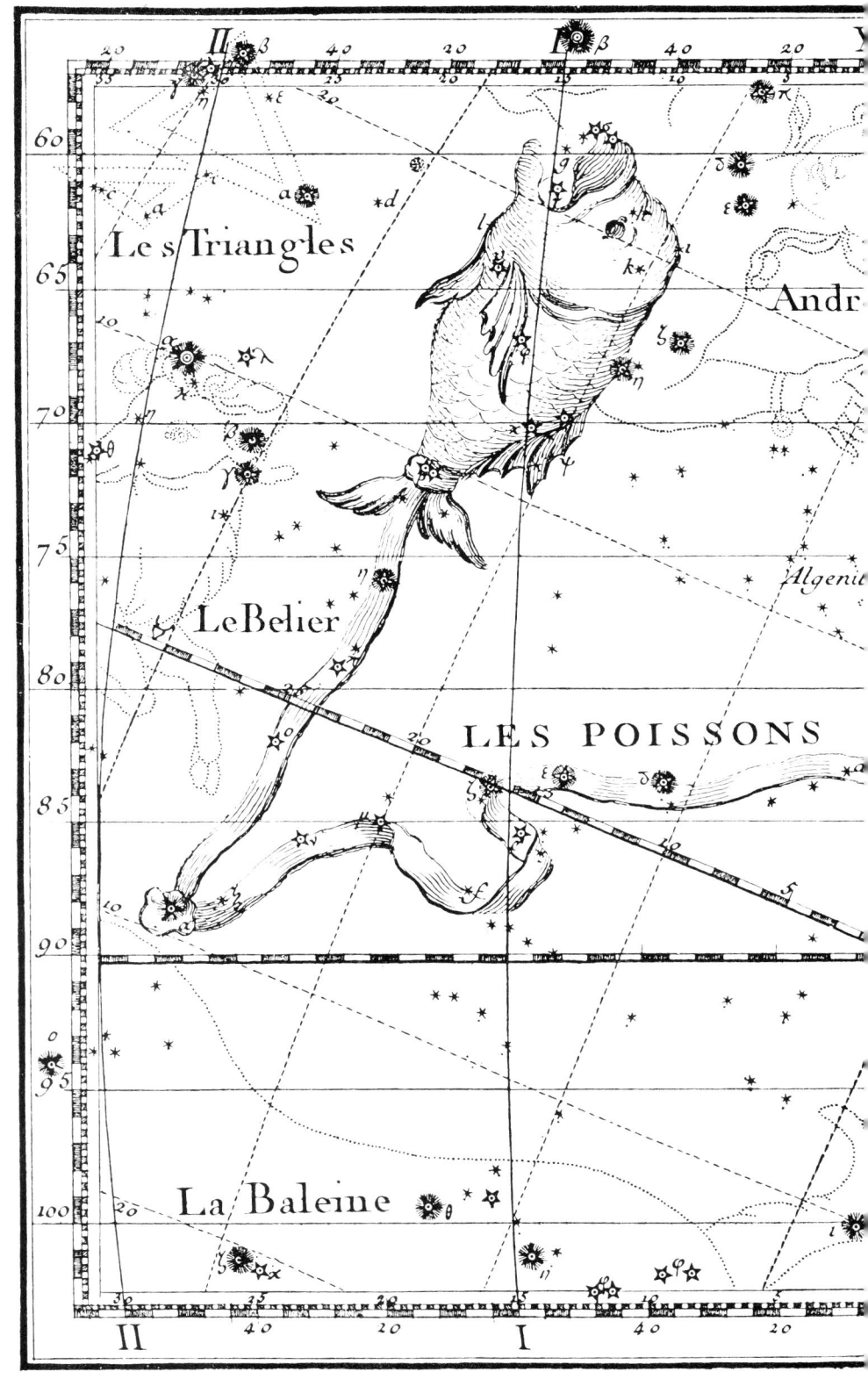

Les Triangles

Andr

LeBelier

LES POISSONS

Algeni

La Baleine

Pégase

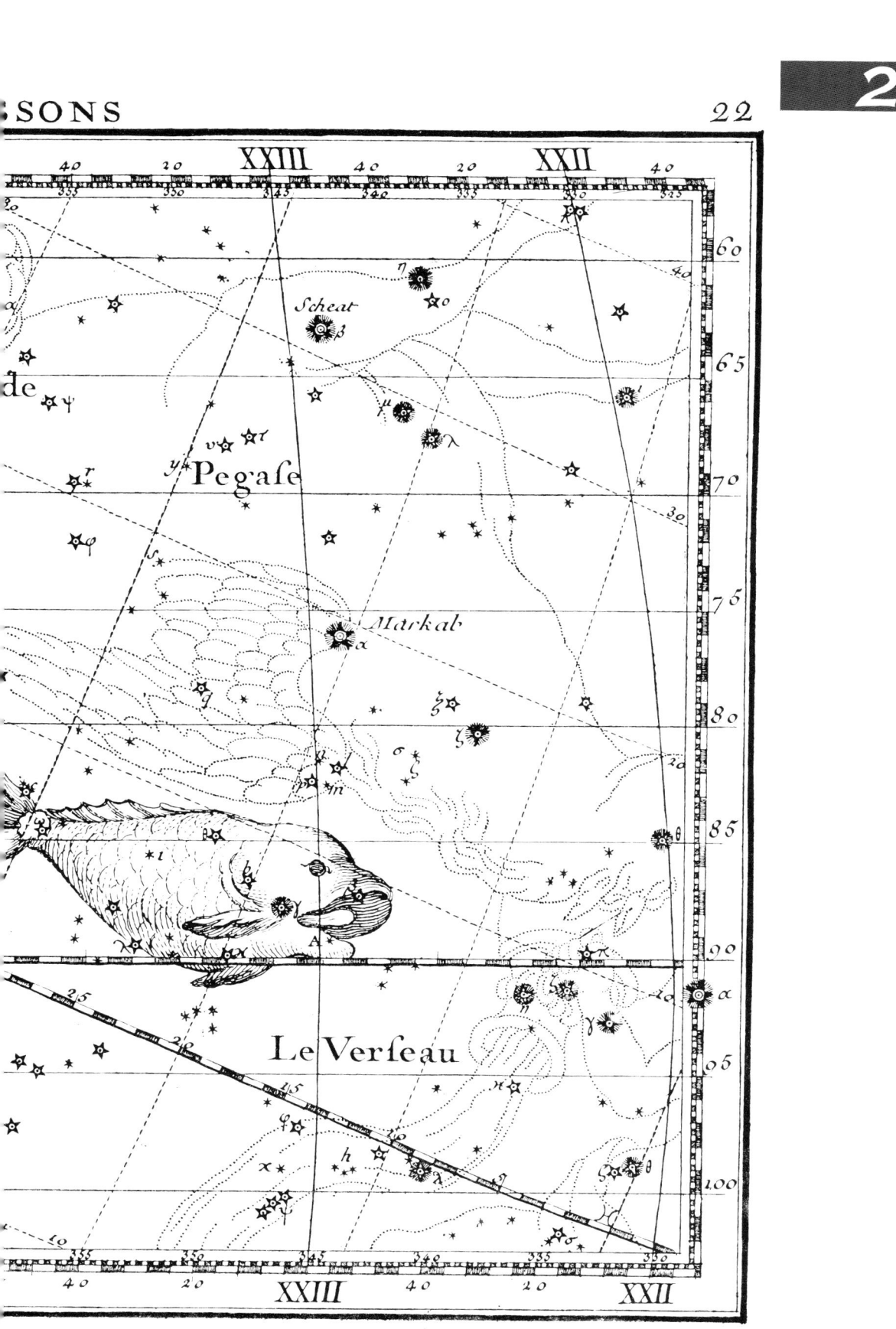

Scheat

Markab

Le Verseau

Le Belier

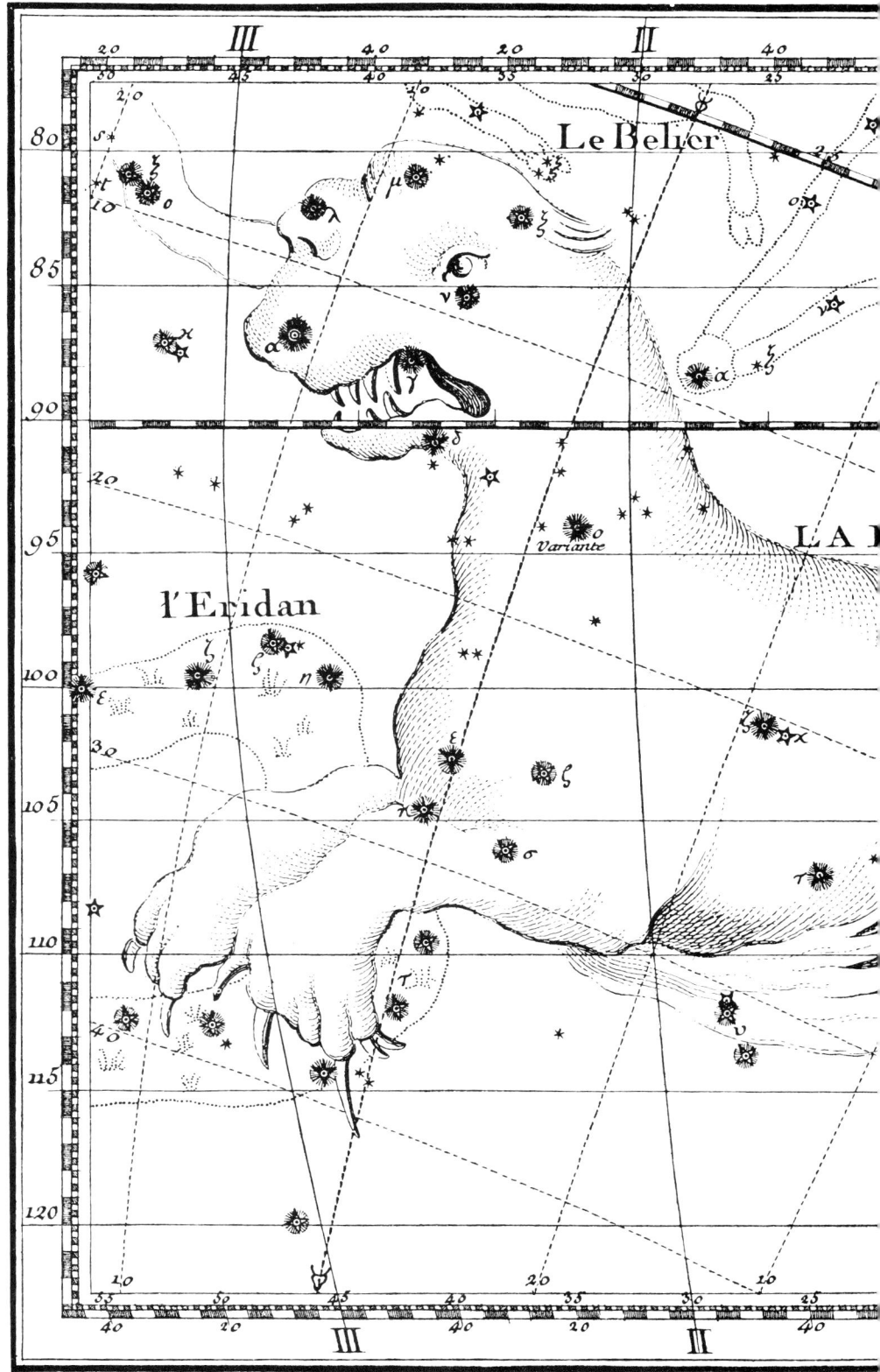

l'Eridan

Pégase

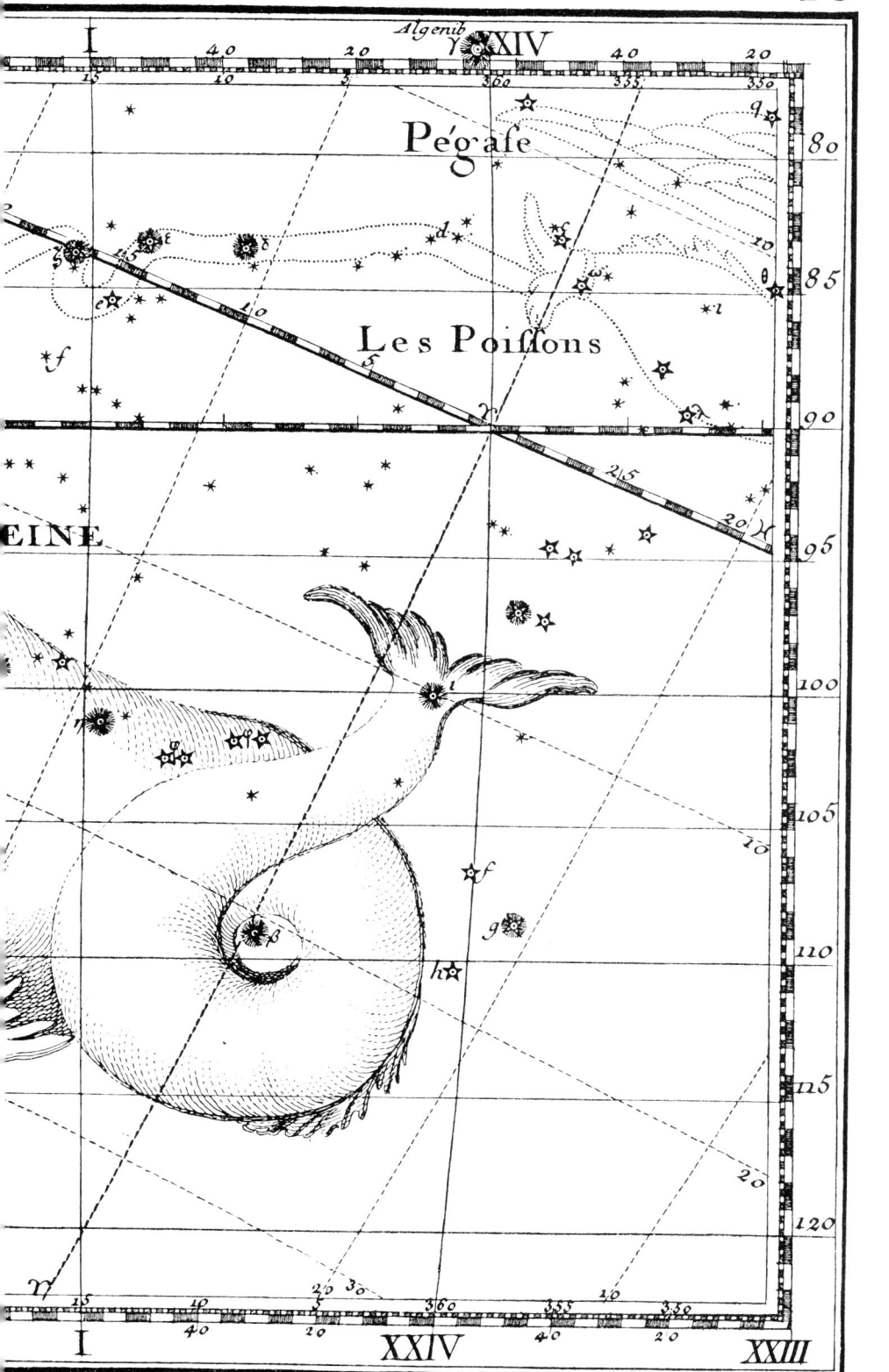

Les Poissons

L'ERIDAN, ORION,

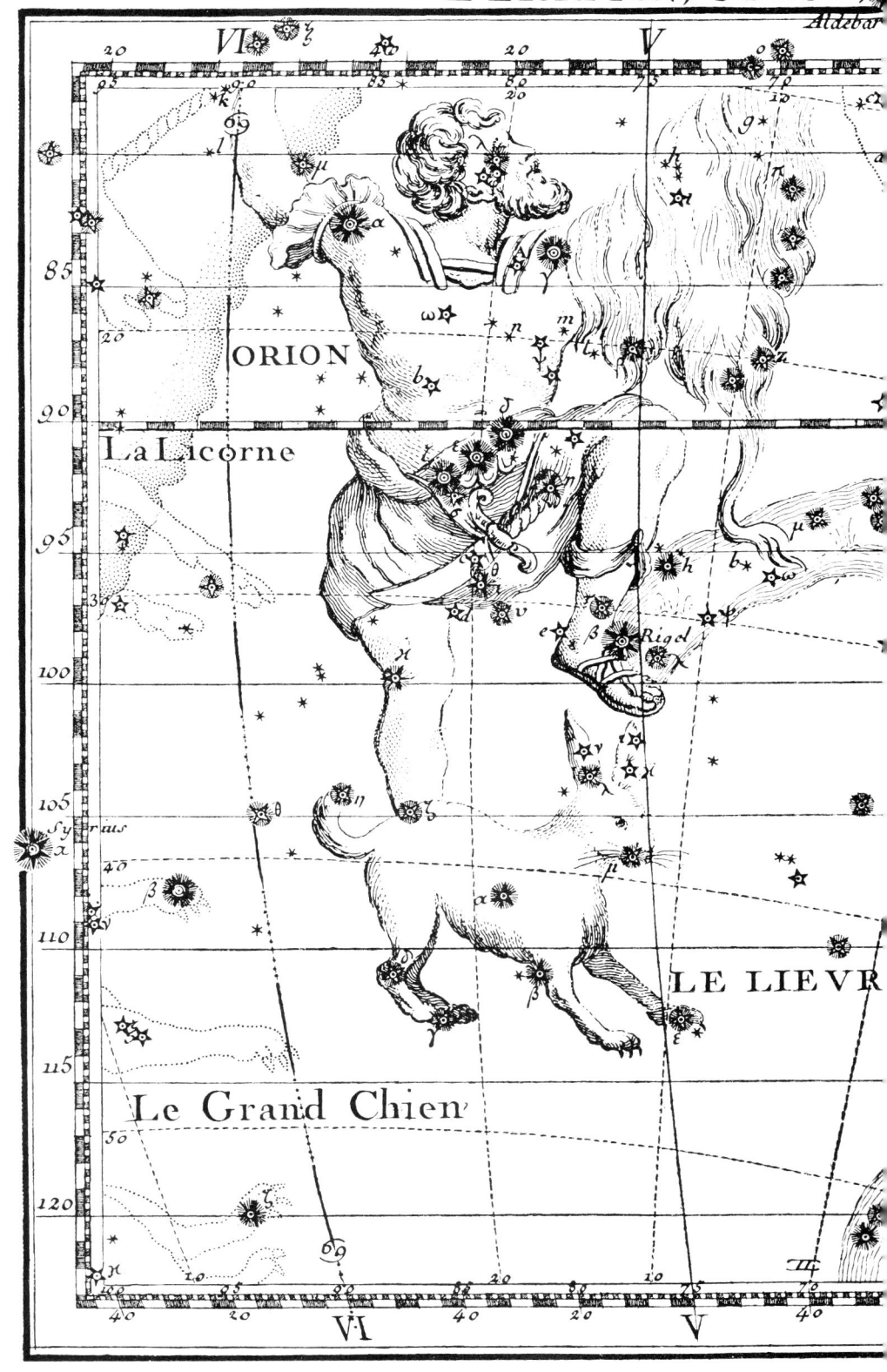

ORION

La Licorne

Le Lievr

Le Grand Chien

et LE LIEVRE.

Le Taureau

La Baleine

L'ERIDAN

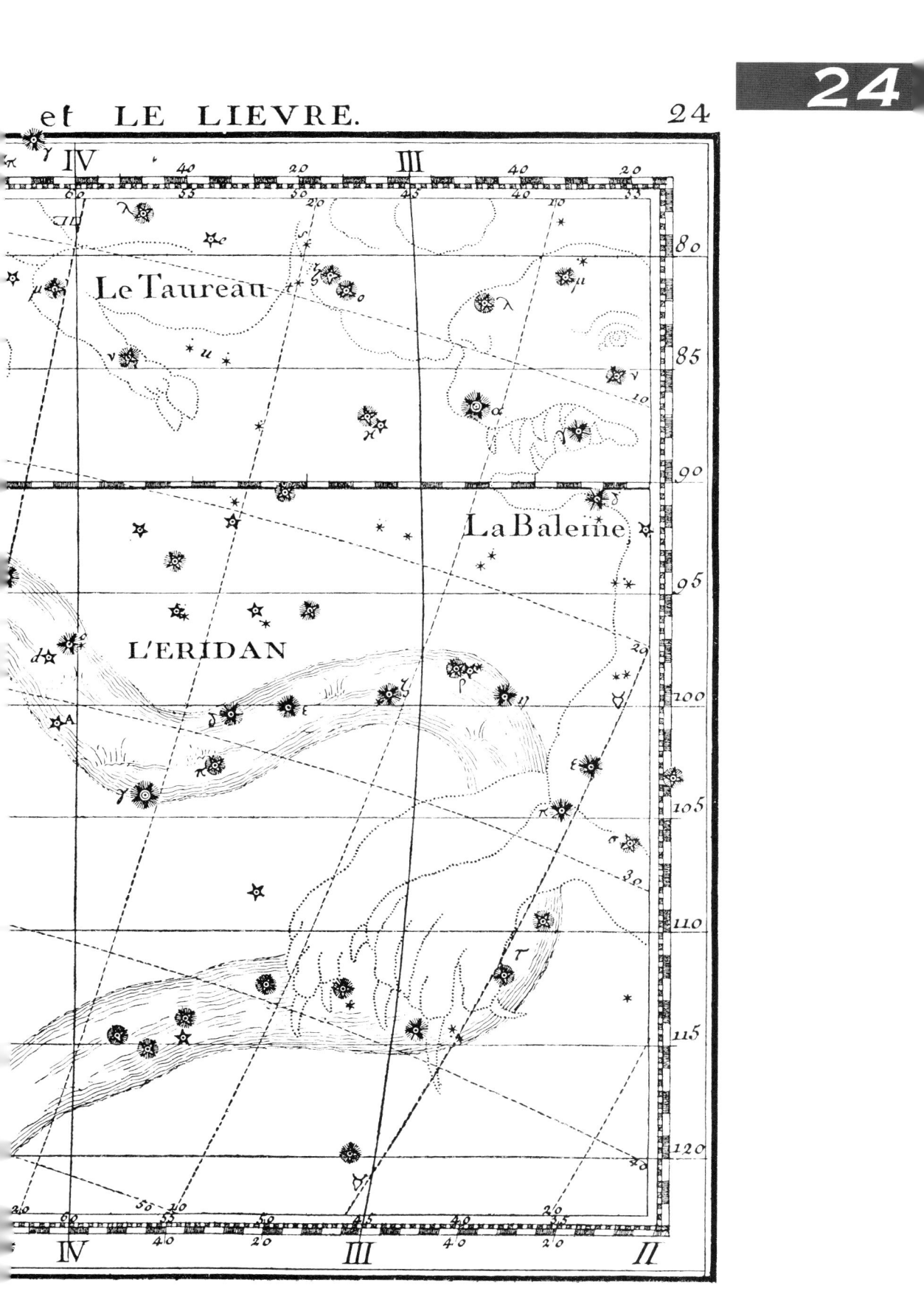

LA LICORNE

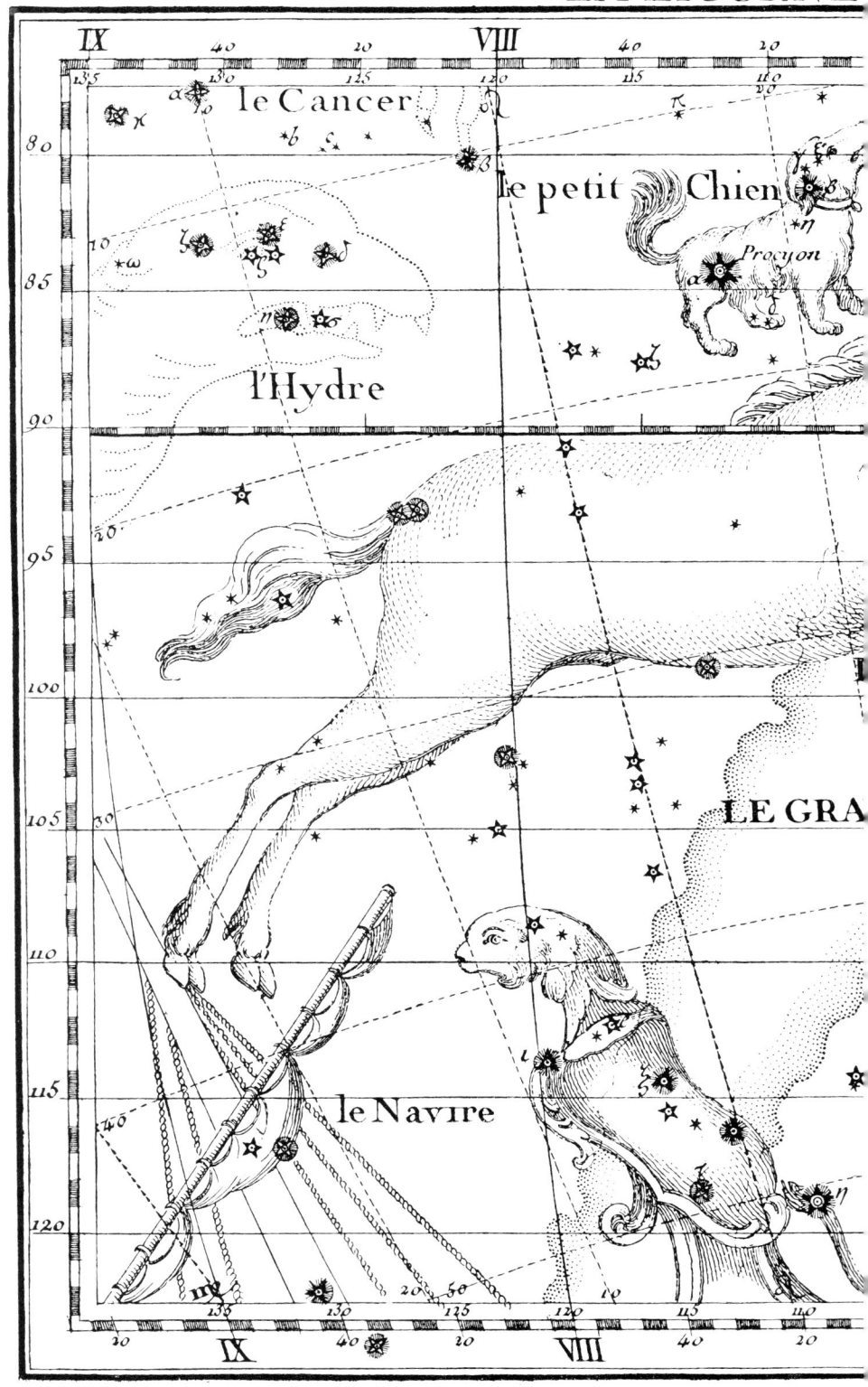

le Cancer

le petit Chien
Procyon

l'Hydre

LE GRA

le Navire

LE G.d CHIEN

LICORNE

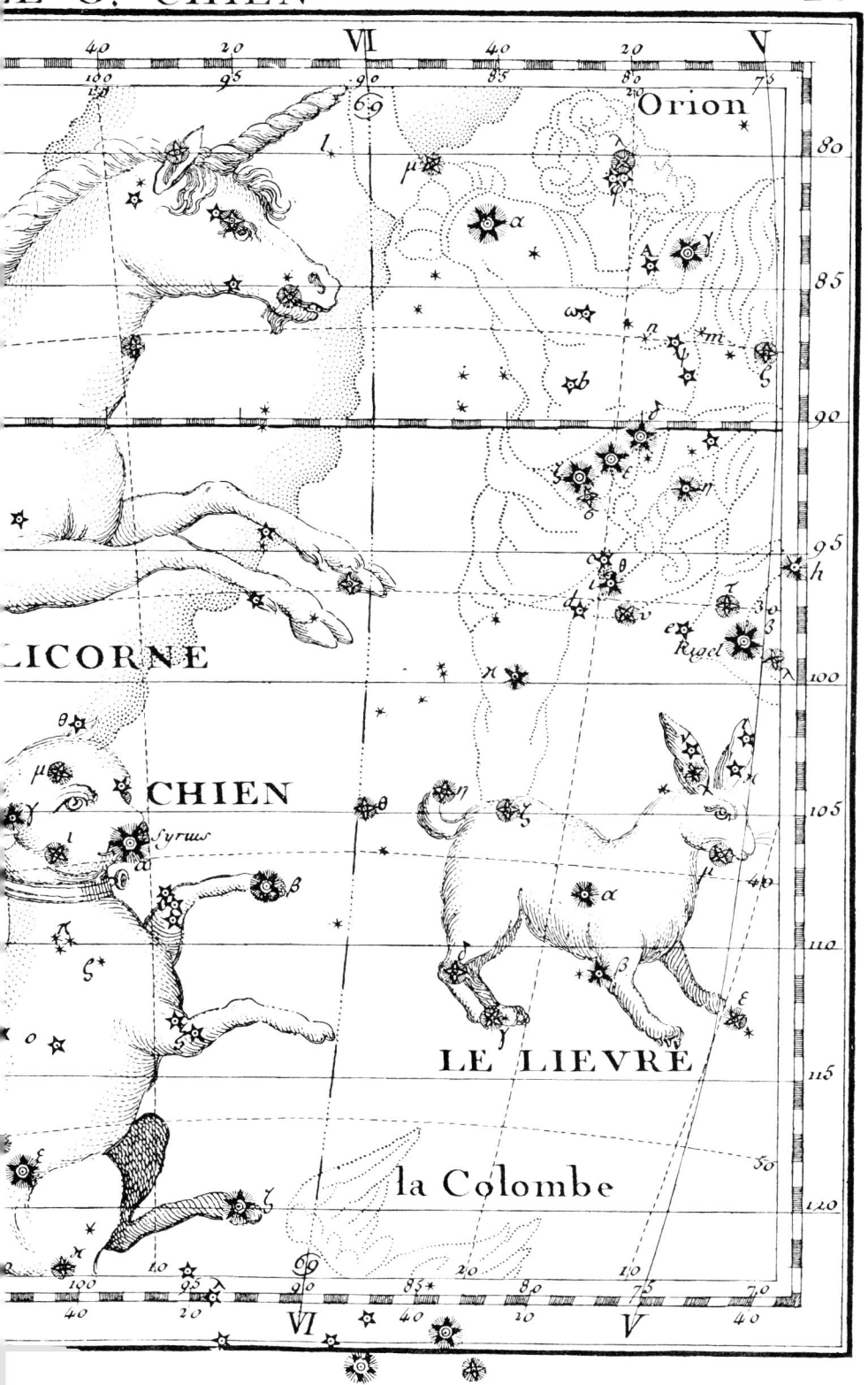

CHIEN

Orion

Rigel

LE LIEVRE

la Colombe

L'HYDRE,

le Lion

la Vierge

LE SEXTANS

LA COUPE

le Corbeau

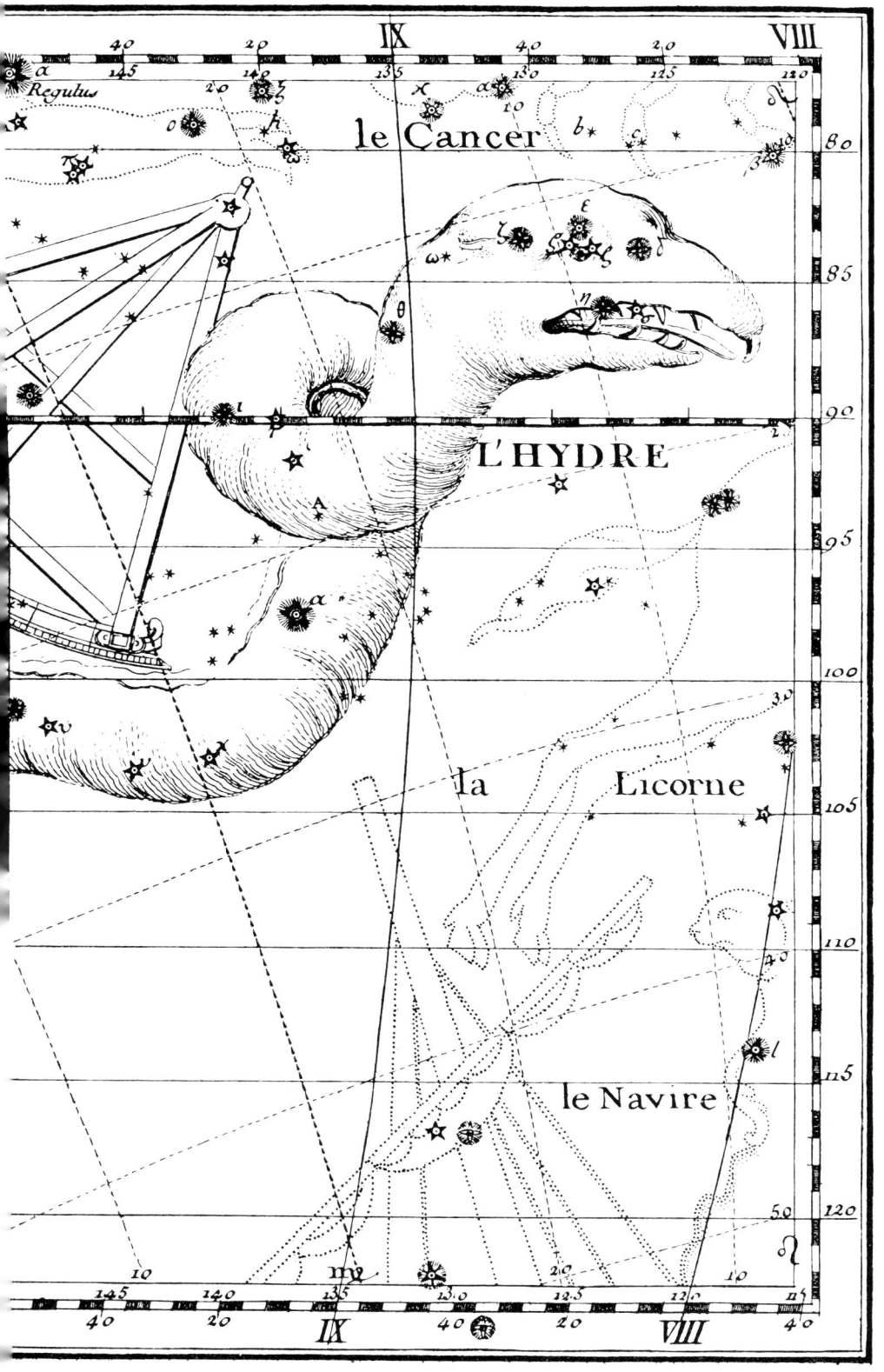

SEXTANS

le Cancer

L'HYDRE

la Licorne

le Navire

LHYDRE, LA CC

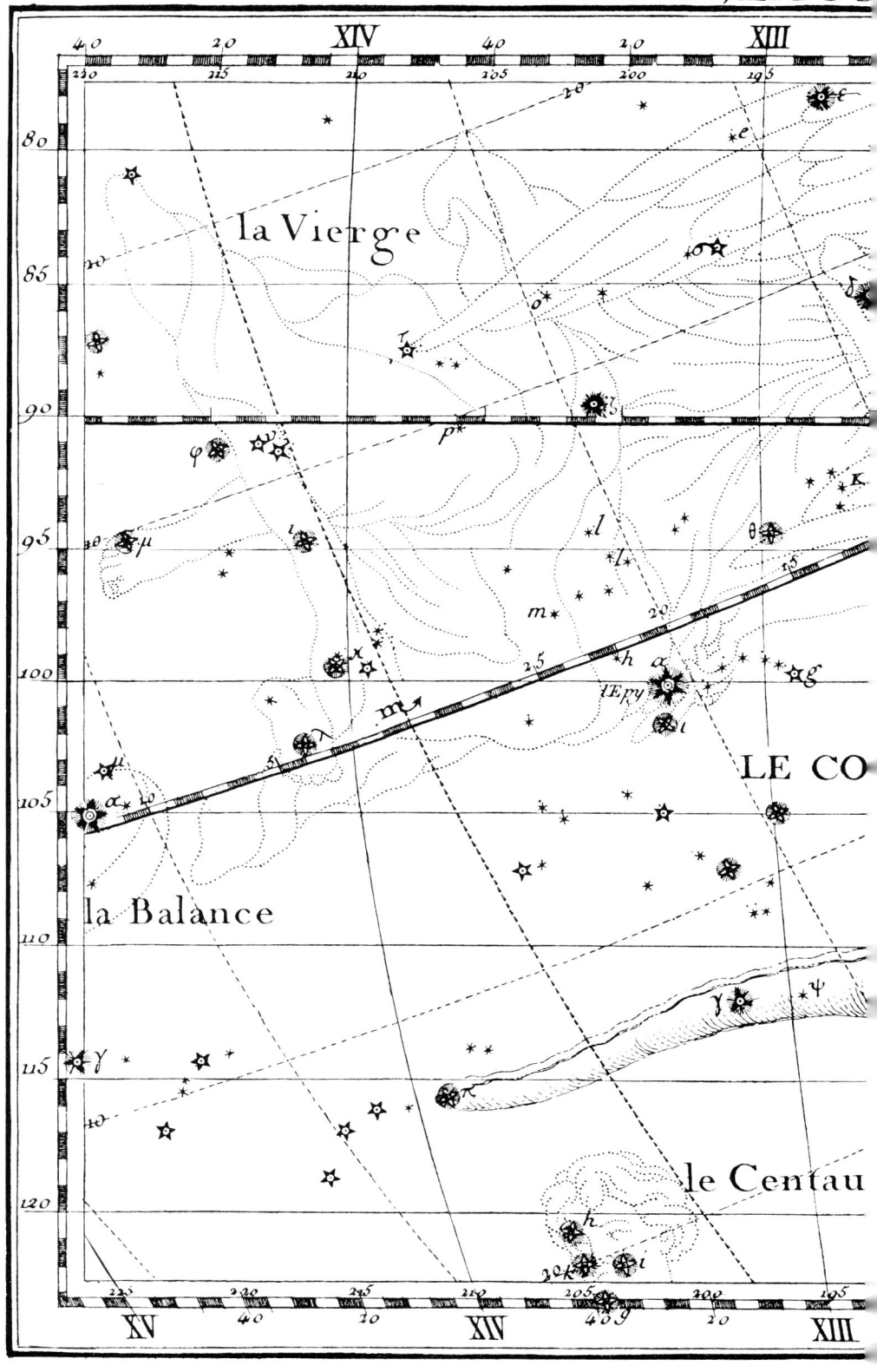

la Vierge

la Balance

LE CO

le Centau

E, LE CORBEAU

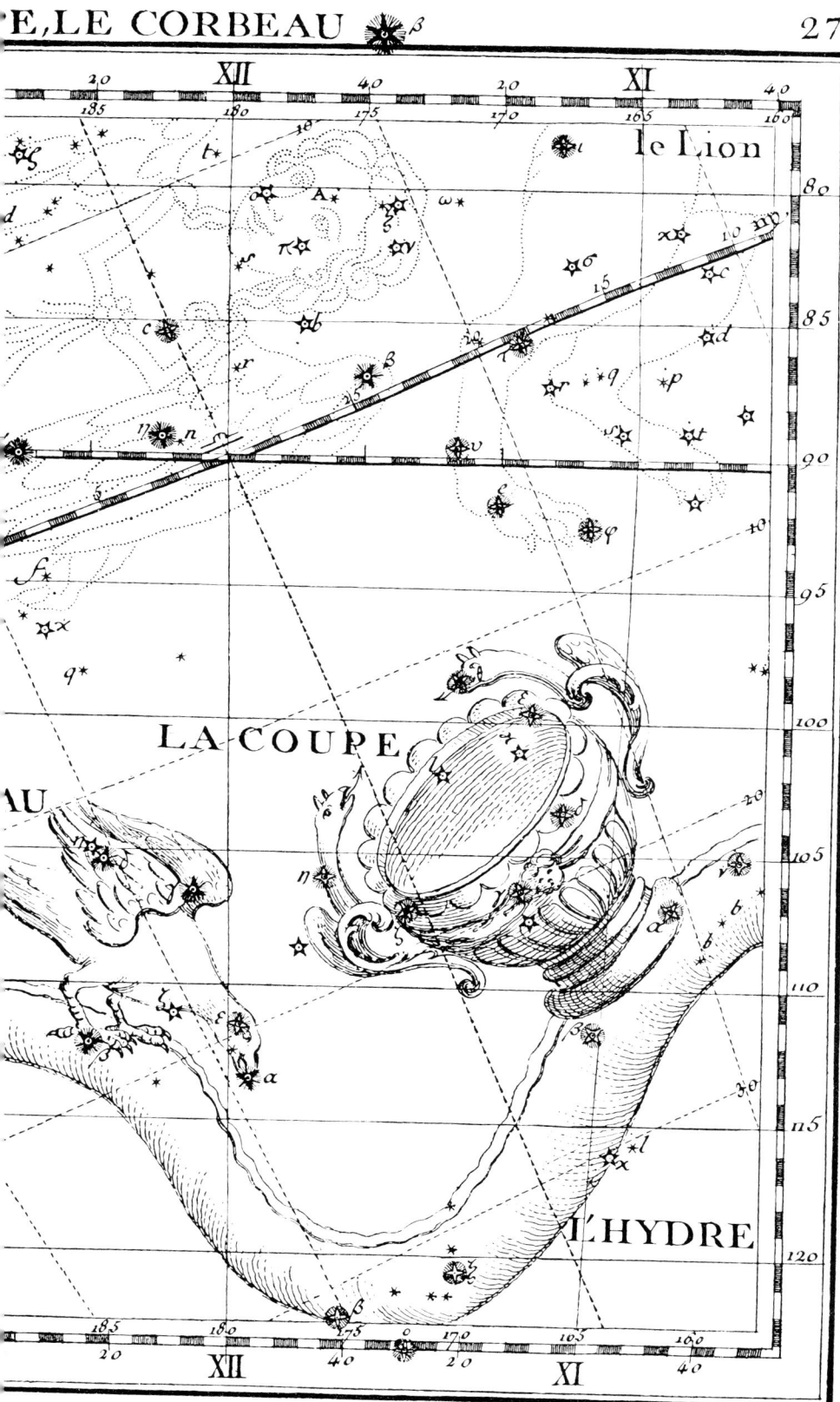

le Lion

LA COUPE

L'HYDRE

HEMISPHERE

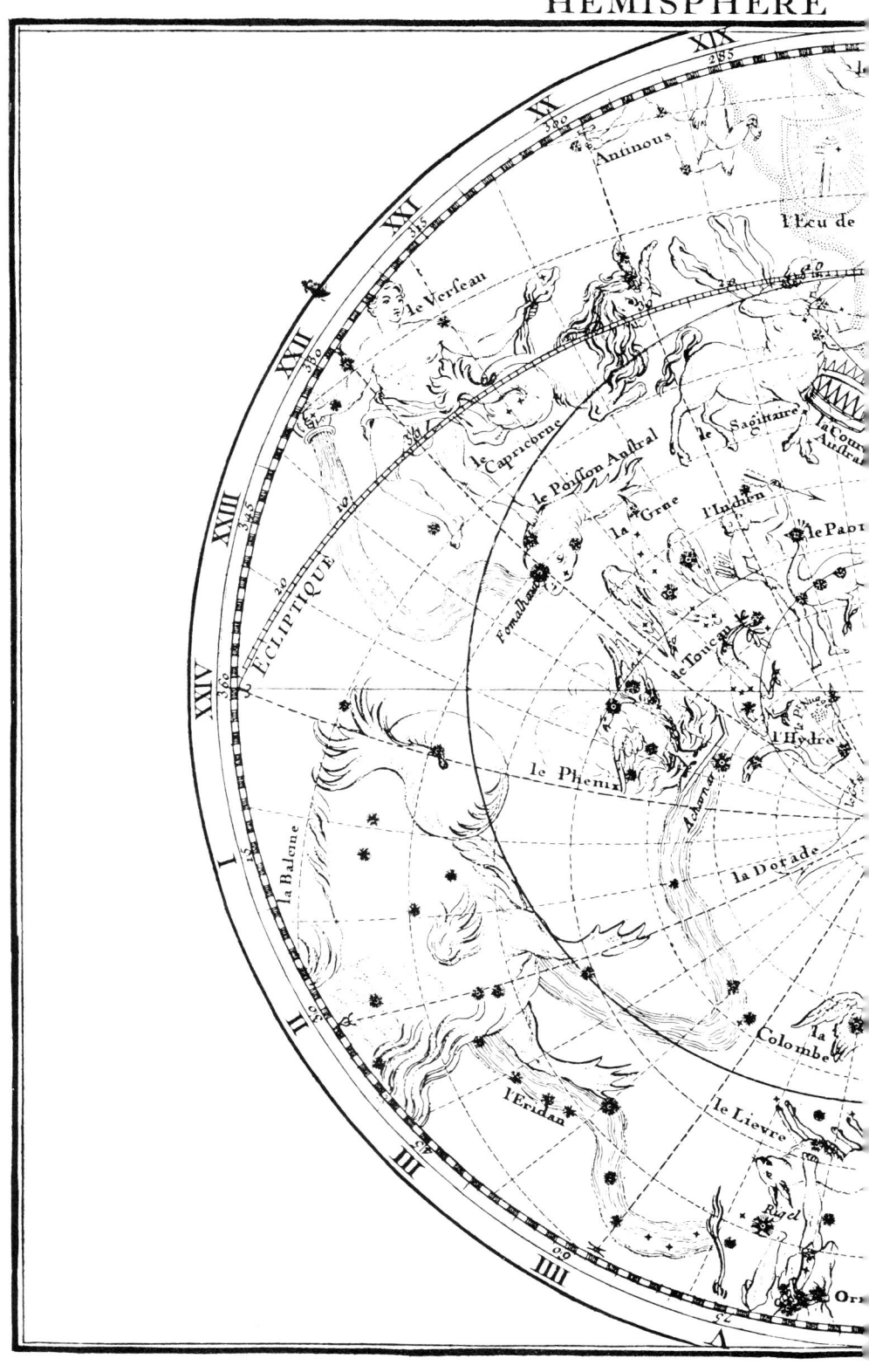

AUSTRAL

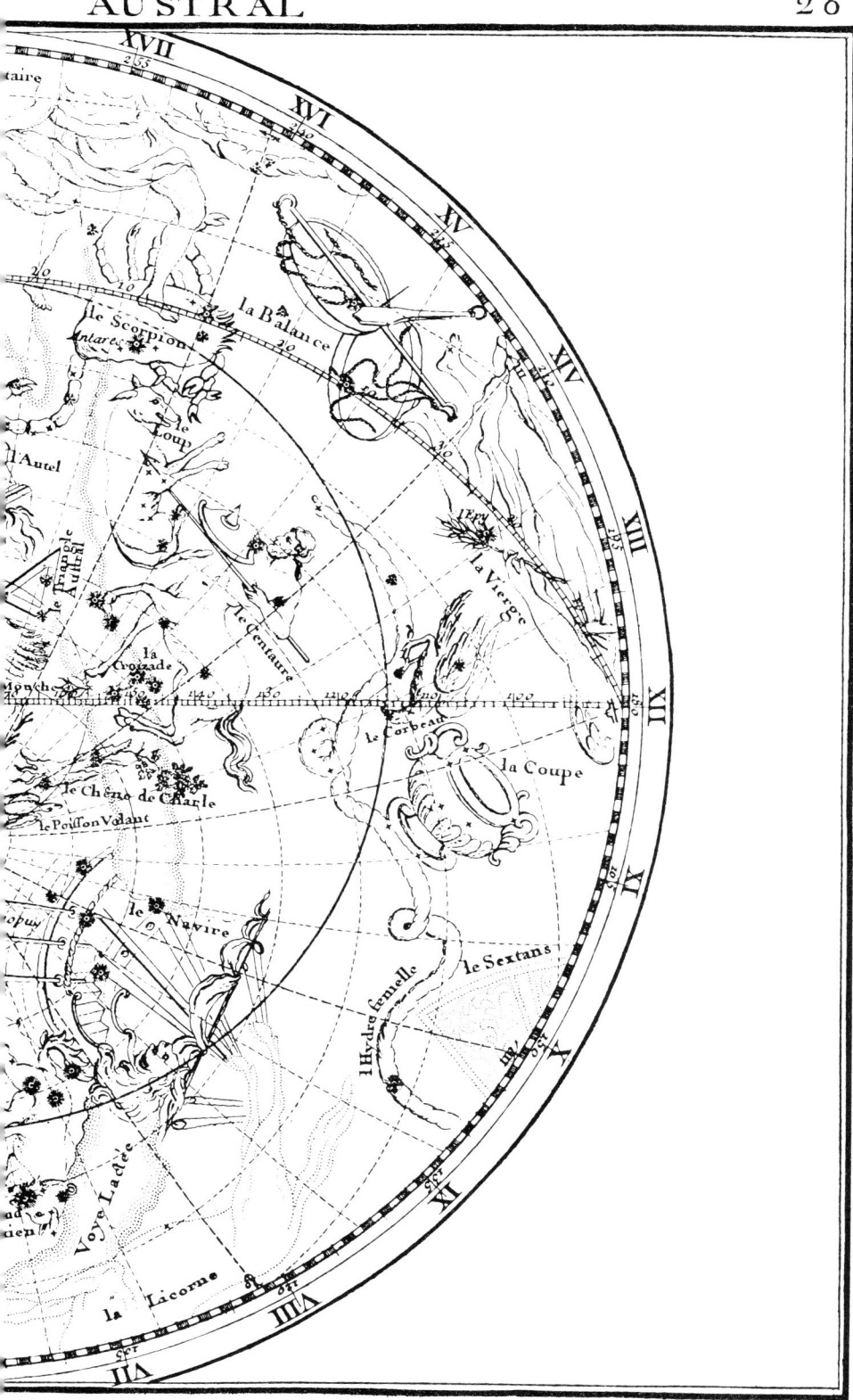

PLANISPHERE des Etoiles Australes

C. E. Voisard Sculp.

恒星表について

以下に記載する恒星表は，ブラッドレーが公表したもので，英国航海暦からとった。但し赤経と北極距離角とは1780年に改算してある。改算してあることの読者の喜びと，その精確さに対する期待を裏切らないよう，計算に際しては誤りがないよう細心の注意を払ったつもりである。

第1欄は各星につけられているギリシャ文字の名またはこれが無いものに対しては大英星表から取った番号と所属の星座名，また固有名が載せてある。繰返えし記入する必要がないと認めたところは空けてある。例えば初めの星に星座名が書いてあれば，あとの星は付けなくても判るからである。

星の傍らに星標☆がつけてあるのは，この星が月のために掩蔽されることがあり得ることを示している。（訳者付記。訳文ではこの星標を省略した）。

第6欄目に記入してある北極距離角の1年ごとの変化は，赤経90°から270°のあいだに含まれる6宮，即ち下向6宮の星々の場合は正数となる。というのは，これらの星々はすべて北極から遠ざかりつつあ

るからである。これとは反対に，270°から90°までの上向6宮の星の場合には負の数となっている。これらは年毎に北極に近づきつつあることを示している。

　赤経の変化はどうかというと，特に負の記号のつけてある2星を除いて，すべて正数のである。

星座と星名	光度	1780年を元期とせる赤経および北極距離角						歳差	
		赤経			北極距離角			赤経の歳差	極距角の歳差
		度	分	秒	度	分	秒	秒	秒
ペガスス γ (アルゲニブ)…	2	0	28	59	76	2	24.2	46.02	20.04
鯨　　　　ι	3	1	59	56	100	3	21	46.04	20.00
魚　　　　d	6	2	19	26.4	83	1	52	46.27	20.40
アンドロメダ δ	3	6	54	1.5	60	21	19.8	47.40	20.01
カシオペヤ α	3	7	2	6.6	34	40	13.8	49.58	19.91
鯨　　　　β	3	8	8	3.4	109	11	49.8	45.22	19.86
アンドロメダ ζ	4	8	55	47.2	66	55	53.6	47.46	19.82
鯨　　　20	6	10	26	39.8	92	20	33.2	46.04	19.74
カシオペヤ δ	3	10	53	47.4	30	28	41.8	52.42	19.71
魚　　　　ε	4	12	51	17.0	83	16	54.4	46.70	19.58
魚　　　　e	5	14	16	1.0	85	31	1.8	46.55	19.46
アンドロメダ β	2	14	22	10.4	55	33	4	49.52	19.45
鯨　　　　η	3	14	22	51.8	101	21	10	45.19	19.45
カシオペヤ θ	4	14	27	26	36	1	28.2	52.90	19.44
魚　　　　τ	4	15	33	43	83	35	34	46.75	19.30
カシオペヤ δ	3	17	53	34	30	54	47.6	56.25	19.12
鯨　　　　θ	3	18	15	30	99	19	19.6	45.15	19.07
魚　　　　μ	5	19	40	10.2	84	59	41.6	46.76	18.92
〃　　　　η	4	19	56	11.6	75	47	37.4	47.88	18.88
〃　　　　π	5	21	22	4.4	78	59	25.8	47.57	18.71
〃　　　105	5.6	21	57	41.8	74	42	58.4	48.19	18.63
〃　　　　ν	5	22	29	58.8	85	37	56.8	46.64	18.56
〃　　　　o	5	23	26	59.6	81	57	23.8	47.28	18.41
カシオペヤ ε	3	24	41	43.6	27	25	21.6	62.18	18.27
羊　　　　γ	4	25	22	27	71	47	29	49.00	18.20
〃　　　　β	3	25	37	53	70	16	28	49.25	18.10
〃　　　　ι	6	26	20	32	73	15	51	48.80	18.00
〃　　　　λ	5	26	25	40.6	67	28	54	49.48	18.50
アンドロメダ γ	2	27	37	12	48	44	6	54.25	17.18
魚　　　　α	3	27	40	14.6	88	18	25	46.43	17.80
羊　　　　α	2	38	42	20	67	35	9	50.60	17.60
〃　　　　19	6	30	16	22.2	75	45	35.6	48.71	17.37
鯨　　　1 ξ	6	30	20	26	82	11	20.6	47.55	17.37
羊　　　1 θ	5	31	28	52.4	71	7	15	49.72	17.15
鯨　　　　o	3	32	3	49.2	93	59	7.2	45.41	17.04
〃　　　2 ξ	4	34	7	16.6	82	33	38.4	47.63	17.63
〃　　　　δ	3	37	3	20.1	90	37	50	46.03	16.00
ペルセウス θ	4	37	18	49.4	41	42	49.6	59.67	16.02
鯨　　　　ε	3	37	13	59.4	102	48	49.6	43.42	16.02
羊　　　35	4	37	38	54	63	14	28	52.30	15.80
鯨　　　　γ	3	37	59	0	87	42	0.8	46.65	15.86
〃　　　　μ	4	38	16	9.2	80	49	31	48.16	15.80
〃　　　　π	3	36	24	56.8	104	47	59.6	42.89	15.77

139

星座と星名	光度	1780年を元期とせる赤経および北極距離角						歳差	
		赤経			北極距離角			赤経の歳差	極距角の歳差
		度	分	秒	度	分	秒	秒	秒
ペルセウス τ	5	39	41	37.4	38	9	7	62.32	15.50
羊 3ζ	6	41	1	38.8	72	51	53	50.19	15.20
エリダン η	3	41	25	22.6	99	46	56	43.88	15.10
羊 ε	5	41	34	5.2	69	33	4	51.11	15.05
ペルセウス γ	3	42	14	51	37	23	15.4	63.65	14.93
鯨 α	2	42	42	2	86	47	5.5	46.90	14.70
メヅーサ β (アルゴール)	2	43	29	6	49	54	23.4	57.70	14.63
羊 δ	4	44	46	10.4	71	7	6.8	50.97	14.31
〃 ζ	5	45	34	27.2	69	46	57.8	51.41	14.11
エリダン 12	3	45	40	45.8	119	52	10.6	37.94	14.07
〃 ζ	3	46	17	28	99	38	54.6	43.70	13.92
ペルセウス α	2	47	10	50	40	56	16.6	63.00	13.72
羊 2τ	6	47	31	58	70	3	29.6	51.50	13.62
牛 f	5	49	43	17	77	49	49	49.45	13.05
エリダン 17	4	49	55	36	95	50	35	44.50	13.00
ペルセウス δ	3	51	50	11.2	42	56	0.2	63.01	12.49
プレヤデス b	5	52	57	48.2	66	35	40.6	53.06	12.17
〃 c	5	53	2	15.8	66	14	13.2	53.19	12.14
エリダン δ	3	53	10	56.8	100	31	30.4	43.19	12.08
プレヤデス d	5	53	19	41.8	66	45	4.8	53.04	12.06
〃 η	3	53	37	51.1	66	35	22	53.13	12.00
エリダン γ	2	56	56	33.8	104	8	46.8	41.94	11.01
ペルセウス λ	4	57	34	7	40	15	51.8	66.05	10.86
牛 A	5	57	55	37.4	68	32	2.2	52.82	10.74
牛 φ	5	61	42	53.2	63	11	32.2	55.06	9.60
〃 γ	3	61	49	26	74	55	9	50.90	9.60
〃 χ	5	62	18	25.2	64	54	23	54.46	9.40
ヒヤデス 1δ	4	62	34	9	72	59	21.7	51.60	9.34
〃 2δ	4	62	51	37	73	4	52	51.60	9.25
牛 1κ	5	63	4	19.6	68	13	32.4	53.28	9.18
牛 2κ	4	63	5	3.2	68	19	10.6	53.26	9.17
ヒヤデス 3δ	6	63	11	48.4	72	35	28.4	51.77	9.13
牛 1υ	5	63	17	33	67	42	6	53.50	9.10
〃 ε	3	63	56	53	71	19	28	52.20	8.90
牛 1θ	4	64	0	24.8	74	32	31.6	51.14	8.87
〃 θ	4	64	1	49.8	74	38	1.6	51.14	8.87
牛 α アルデバラン	1	65	49	46.9	73	56	54	51.41	8.30
〃 τ	5	67	16	1.4	67	28	56.2	53.82	7.84
オリオン 1π	4	69	39	35.4	81	29	32.8	48.97	7.06
キリン 7	5	69	55	36.4	36	37	23.8	71.42	7.01
牛 1	4	72	30	35	68	44	28.2	53.60	6.14
〃 m	5.6	73	36	42.8	71	40	7	52.54	5.75
〃 105	5.6	73	41	52	68	36	17.4	53.70	5.73

星座と星名	光度	1870年を元期とせる赤経および北極距離角						歳　差	
		赤　　経			北極距離角			赤経の歳差	極距角の歳差
		度	分	秒	度	分	秒	秒	秒
エ リ ダ ン h	3	74	15	51.6	95	23	6.4	44.33	5.53
馭者 α カペラ	1	75	7	0.1	44	14	42.4	66.03	5.28
オリオン β リゲル	1	75	59	36.5	98	28	11.2	43.28	4.94
牛　　　β	2	78	9	23	61	35	47.2	56.80	4.20
オ リ オ ン γ	2	78	20	13.6	83	51	58	48.28	4.15
牛　　　o	5	78	36	35	68	16	9.8	54.00	4.06
オ リ オ ン 2φ	5	78	49	52.4	87	6	39.4	47.17	3.98
兎　　　β	3	79	42	34.4	110	56	50.8	38.72	3.66
オ リ オ ン δ	2	80	11	42.4	90	28	40	46.02	3.50
兎　　　α	3	80	45	36	107	59	37	39.75	3.30
牛　　　ζ	3	81	7	39.5	69	0	34	53.80	3.20
オ リ オ ン ε	2	81	15	55.2	91	21	30.4	45.71	3.13
牛　　125	4	81	31	38.8	64	14	42.8	55.74	3.06
〃　　132	4	83	52	55	65	31	32	55.25	2.25
兎　　　γ	4	83	49	40.2	112	32	3	37.91	2.23
牛　　136	5	84	52	37.8	62	27	31	56.59	1.90
馭 者 δ	4	85	11	22.4	35	45	17.6	73.92	1.77
オリオン 1χ	5	85	20	34.6	69	46	52.4	53.53	1.83
オリオン 2χ	5	85	28	53.6	70	19	9.4	53.33	1.68
〃　　α	1	85	49	2.2	82	39	3.8	48.75	1.56
馭 者 θ	4	86	10	47.8	52	49	24	61.34	1.40
双 子 H	5	87	41	16.8	66	44	33.8	54.79	0.91
馭 者 κ	4.5	90	20	29.2	60	26	17.8	57.56	0.06
双 子 η	4	90	24	4	67	26	52	54.50	0.00
双 子 μ	3	92	24	45	67	23	28	54.50	0.70
〃　　ν	4	93	58	34	69	40	1	53.60	1.30
〃　　23	5	95	49	30.8	…	…	…	52.34	1.92
〃　　γ	2	96	15	2	73	25	51	52.10	2.10
〃　　26	5	97	23	51.8	72	9	22.6	52.59	2.48
〃　　ε	3	97	35	55	64	40	10	55.60	2.50
双 子 28	6	97	42	10.8	60	49	33.6	57.29	2.58
大犬 α シリウス	1	98	52	3.8	106	25	7.2	40.35	3.01
双 子 ζ	3	102	45	50.4	69	7	28.6	53.67	4.33
〃　　51	5	105	10	58.8	73	29	5.2	51.94	5.16
山 猫 19	5	106	12	57.6	34	19	38.2	74.48	5.46
双 子 λ	5	106	21	43.2	73	4	46	52.06	5.55
双 子 δ	3	106	44	42	67	37	48	54.20	5.70
〃　　q	6	107	14	21	69	9	30.8	53.50	5.84
〃　　ι	4	108	0	15	61	46	56	56.45	6.10
〃　　p	6	108	40	4.8	68	7	18.4	53.84	6.32
大 犬 η	2	108	51	2.4	118	53	5.4	35.72	6.42
双子 α カストル	1	110	8	8.7	57	38	52	58.15	6.80
双 子 ν	5	110	36	11.8	62	37	55	55.94	6.95

141

星座と星名	光度	1780年を元期とせる赤経および北極距離角						歳差	
		赤経			北極距離角			赤経の歳差	極距角の歳差
		度	分	秒	度	分	秒	秒	秒
双　　　　子 f	6	111	41	28.6	71	50	27	52.33	7.30
小犬 α プロシオン	1	111	56	58.4	84	13	4.4	48.08	7.42
双　　　　子 χ	4	112	47	15.2	65	5	27.4	54.81	7.67
双子 β ポルックス	2	112	57	49.1	61	27	31.4	56.27	7.72
双　　　　子 g	5	113	20	43.4	70	58	9	52.57	7.85
山　　猫 26	5	114	39	35.8	41	53	3	66.59	8.25
双　　　　子 φ	5	115	0	6.2	62	40	53.6	55.61	8.38
蟹　　　　3	6	117	14	30	71	10	4.8	52.30	9.09
〃　　　　μ	5	118	18	50.2	67	45	5.4	53.81	9.42
〃　　　　2 φ	5	119	17	42.6	63	50	13.6	54.83	9.73
〃　　　　β	4	121	8	36.3	80	9	0.8	49.19	10.29
〃　　　　θ	5	124	45	33	71	10	31	51.85	11.35
蟹　　　　η	6	124	59	25.2	68	49	27.4	52.61	11.37
〃　　　　γ	4	127	38	4.4	67	45	11.4	52.72	12.17
〃　　　　δ	4	128	2	30	71	2	55.6	51.65	12.38
大　　熊　ι	4	131	1	5.2	41	6	24.4	63.66	13.07
蟹　　　1 α	4	130	58	32	77	82	47	49.60	13.20
〃　　　2 α	4	131	36	38	77	18	10	49.60	13.30
蟹　　　　η	4	133	57	16.4	78	27	29	49.17	13.85
〃　　　　ξ	5	134	10	14	67	4	55	52.30	13.90
獅　　　　子 ω	5	139	10	0.6	79	59	44.2	48.53	15.11
海　　蛇　α	2	139	11	45.2	97	42	50.6	44.41	15.13
大　　熊　θ	4	139	31	17.4	37	19	38.6	63.42	15.18
獅　　　　子 ξ	4	140	1	9.6	77	44	10.7	49.03	15.31
獅　　　子 10	5	140	6	7	83	11	4.6	47.98	15.38
〃　　　　o	4	142	20	59.6	79	6	57.6	48.48	15.83
〃　　　　ε	4	143	19	59.2	65	13	20.6	51.76	16.03
〃　　　　ν	4	146	35	40.6	76	30	50.8	49.03	16.69
〃　　　　π	5	147	8	43.2	80	54	27.8	47.96	16.79
〃　　　　η	4	148	49	49.4	72	10	20.2	49.57	17.11
獅　　　　子 A	5	149	1	20.8	78	55	54	48.24	17.15
〃 α レグルス	1	149	9	44.5	76	57	53.4	48.60	17.17
獅　　　　子 ζ	3	151	6	21.4	65	29	29.2	50.67	17.51
〃　　　　γ	2	151	57	11.8	69	3	6.2	49.84	17.66
大　　熊　μ	3	152	17	26.4	47	24	4	54.87	17.70
獅　　　　子 ζ	4	155	18	20	79	34	0.4	47.75	18.17
獅　　　子 48	6	155	99	47.6	81	55	10.2	47.38	18.26
〃　　　　37	6	158	39	26	82	29	22	47.20	18.60
〃　　　　38	6	158	58	5	82	29	55	47.20	18.60
六　分　儀 55	5	161	6	47.2	88	5	39.8	46.41	18.94
〃　　　　56	6	161	9	1	82	38	42	47.20	18.80
大　　熊　β	2	162	6	28.6	32	26	31	56.08	19.05
獅　　　　子 d	5	162	18	3	83	12	17	49.70	19.10

星座と星名		光度	1780年を元期とせる赤経および北極距離角						歳差	
			赤経			北極距離角			赤経の歳差	極距角の歳差
			度	分	秒	度	分	秒	秒	秒
獅	子 c	5	162	18	30	82	43	14	47.00	19.00
大	熊 σ	1.5	162	30	0	27	3	54.8	58.25	19.09
獅	子 κ	5	63	25	7.4	81	28	40.8	47.07	19.19
〃	δ	2	165	35	42.4	68	16	21	48.22	19.40
〃	θ	3	165	40	17	73	22	14	47.70	19.40
〃	q	6	166	29	30.2	86	46	51.6	46.46	19.48
獅	子76	6	166	54	25.4	87	8	45.2	46.42	19.51
〃	σ	5	167	26	52	82	46	2.2	46.75	19.56
〃	γ	5	168	11	19	87	23	12	46.40	19.60
〃	τ	4	169	9	20.2	85	56	1.6	46.46	19.68
〃	e	4	169	46	14.6	91	47	29.4	46.08	19.72
〃	υ	4	171	25	21	89	36	38	46.20	19.80
乙	女 1 ξ	5	173	29	6.6	80	31	12.2	46.58	19.91
〃	ν	5	173	38	11	82	14	13.4	46.50	19.92
獅	子 β	1	174	27	28.2	74	11	52	49.46	19.95
乙	女 β	3	174	48	19	86	59	37	46.30	20.00
大	熊 γ	2	75	32	35.8	35	4	55.8	48.54	19.99
乙	女 π	5	177	23	54.4	82	9	31.6	46.32	20.03
大	熊 δ	3	181	6	41	3	44	35	45.70	20.05
烏	γ	3	181	7	54	106	19	7.8	46.20	20.04
乙	女 n	6	181	51	6.6	89	26	33	46.18	20.05
〃	η	3	182	9	57	89	26	33	46.20	20.00
〃	c	4	182	17	54	85	27	38.8	46.10	20.04
竜	κ	3	185	59	57.6	18	59	47.2	40.28	19.96
乙	女 χ	5	186	58	48	96	46	51.4	46.45	19.92
〃	γ	3	187	38	11	90	14	22	46.20	19.90
〃	φ	5	190	44	6	98	20	11.4	46.70	19.72
〃	δ	3	191	8	11.4	85	24	7	45.87	19.70
〃	ε	3	192	48	35.8	77	51	14.4	45.24	19.57
〃	g	5	194	6	0.4	99	33	30.6	46.97	19.48
乙	女 θ	4	194	38	7.2	94	21	32.6	46.56	19.43
〃	α	1	198	24	29.5	100	0	23.4	47.27	18.97
〃	ι	4	198	46	53.6	101	33	22.2	47.48	19.01
大	熊 ζ	2	198	45	25	33	55	14.2	36.65	19.01
乙	女 b	5	199	8	19.4	95	6	46.2	46.77	18.86
〃	m	6	202	21	27.4	97	35	9.2	47.17	18.56
大	熊 η	2	204	43	2.6	39	34	56.8	36.08	18.24
竜	α	2	209	36	38	24	34	6.2	24.50	17.46
乙	女 κ	4	210	17	29	99	14	27.4	46.45	17.37
牧夫 α アルクトウルス		1	211	24	59.4	69	39	11.2	42.32	17.16
乙	女 λ	4	211	48	35.4	102	20	54	48.47	17.10
牧	夫 θ	4	214	25	56.4	37	7	20.6	31.22	16.58
天	秤 μ	5	219	19	26.2	103	13	14.6	49.11	15.58

143

星座と星名	光度	1780年を元期とせる赤経および北極距離角						歳差	
		赤経			北極距離角			赤経の歳差	極距角の歳差
		度	分	秒	度	分	秒	秒	秒
天　秤 α	2	219	41	14.5	105	5	55	49.50	15.50
〃　　2ζ	6	221	12	57.8	100	30	34	48.59	15.15
〃　　18	6	221	45	27	100	14	48.6	48.55	15.03
小　熊 β	2.3	221	53	31.4	14	56	36.6	45.28	14.68
天　秤 1ν	5	223	35	37.6	105	23	26.8	49.93	14.59
〃　　1ι	3	224	55	51	108	56	44.4	51.00	14.27
天　秤 β	2	226	18	4.1	98	33	30.6	48.33	13.93
〃　　4ζ	4	230	8	42.2	106	5	29.8	50.11	2.89
〃　　γ	3	230	48	45	104	2	29	50.00	12.70
冠　　α	2	231	20	47	62	32	0.5	38.05	12.60
天　秤42	6	231	49	48.4	113	5	12.6	52.82	12.43
〃　　κ	4	232	19	46	108	56	57.8	51.60	12.34
蛇遺い α	2	233	12	43	82	52	11.6	45.15	12.03
蠍　　A	5	235	6	44	114	39	13.2	53.65	11.56
天　秤 λ	4	235	8	59.4	109	29	39.8	51.97	11.54
〃　　θ	4	235	19	58.2	106	4	8	51.01	11.50
蛇遺い δ	3	235	24	15.4	68	29	48	39.62	11.45
蠍　　π	3	236	23	48.8	115	27	24.8	54.09	11.19
天　秤4ψ	4	236	28	37	103	37	45	50.20	11.15
蠍　　δ	3	236	50	25	111	58	42	52.90	11.00
〃　　β	2	238	10	11	109	11	14	52.10	10.70
〃　　1ω	5	238	29	35.2	110	3	24.2	52.36	10.56
〃　　2ω	5	235	38	5.8	110	15	28.4	52.44	10.52
ヘルクレス υ	5	238	58	30.4	43	20	56.6	27.77	0.38
蠍　　υ	4	239	48	39.4	108	52	18.2	52.07	10.16
蛇遺い δ	3	240	42	36.2	93	6	44.8	47.11	9.89
蠍　　19	6	241	51	32.4	113	37	13	53.87	9.55
〃　　σ	5	241	57	48.4	115	2	51.6	54.42	9.53
蛇遺い χ	5	242	48	55.8	109	30	22	52.44	9.25
〃　　g	5	243	6	27.6	112	55	21.2	53.68	9.16
蠍 α アンタレス	1	243	59	18.7	115	55	31.8	54.89	8.89
蛇遺い φ	4	244	38	32	106	6	55.8	51.40	8.69
〃　　ω	5	244	46	55.6	110	58	43.8	53.08	8.64
蠍　　τ	4	245	33	22.8	117	44	30.2	55.74	8.41
〃　　24	5	247	13	5.2	…	…	…	51.91	7.86
蛇遺い A	5	255	27	58	116	15	4.8	51.70	5.14
竜　　η	4	255	55	12.6	35	14	5.2	18.63	4.91
ヘルクレス α	2	256	9	26.8	75	20	42.4	47.09	4.87
蛇遺い δ	4	256	57	27.2	110	51	22.6	53.61	4.63
〃　　θ	3	257	7	52	114	45	33.4	55.20	4.57
〃　　43	4	257	23	8.8	117	54	31.8	56.49	4.49
〃　　B	4	258	14	21.8	113	57	6.8	54.89	4.19
〃　　e	6	259	30	2.6	113	46	23.2	54.83	3.76

星座と星名		光度	1780年を元期とせる赤経および北極距離角						歳差	
			赤経			北極距離角			赤経の歳差	極距角の歳差
			度	分	秒	度	分	秒	秒	秒
蛇遣い	α	2	261	10	50	77	15	52	41.30	3.15
〃	μ	4	261	28	32.2	97	58	7.4	48.96	3.07
竜	β	2.3	261	22	15.2	37	31	42	20.36	3.05
蛇遣い	D	6	262	33	59	111	33	24.2	54.00	2.71
射手	p	6	263	25	58	117	43	33.8	56.65	2.41
〃	b	6	266	35	36.8	113	46	32	54.94	1.30
射手	γ	3	267	55	20	120	24	13.8	58.00	0.84
竜	γ	2	267	52	41.2	38	28	38.8	20.56	0.78
射手	1μ	4	270	9	11.2	111	5	49	53.91	0.05
〃	2μ	6	270	31	33.2	110	46	28	53.90	0.05
〃	δ	3	271	43	41.5	119	54	2.2	57.70	0.49
〃	ε	3	272	23	43	124	27	58.1	59.95	0.72
射手	λ	4	272	36	7	115	31	18	55.75	1.15
琴 α	ベガ	1	277	22	17.4	51	25	45.6	30.32	2.52
射手	φ	5	277	58	37	117	11	46.4	56.40	2.68
〃	28	6	278	16	7.6	112	36	8.4	54.43	2.78
竜	c	5	279	34	49.4	34	40	41.8	17.62	3.31
射手	1ν	5	280	13	21	112	59	47	54.60	3.45
射手	σ	3	280	24	20	116	32	57.2	56.00	3.54
〃	2ν	5	280	27	3	112	55	36.7	54.20	3.54
琴	β	3	280	29	32.4	56	32	36.2	33.32	5.59
射手	1ξ	6	281	4	3	110	55	30	53.75	3.75
〃	2ξ	6	281	8	59	111	22	37	53.70	3.75
蛇	θ	3.4	281	19	23.8	86	2	12	44.84	3.85
			281	19	41.8	86	2	6		
射手	ζ	3	282	9	11	120	10	27.8	57.60	4.11
竜	o	4	281	59	14	30	52	31.2	13.40	4.14
射手	o	4	282	52	28	112	2	41.8	54.10	4.36
〃	τ	4	283	18	1	117	58	13	56.60	4.60
〃	ζ	3	283	49	39.8	76	26	55	41.49	4.85
射手	π	4	284	10	9	111	21	17	53.75	4.80
射手	φ	5	285	31	15	115	36	57.8	57.20	5.26
〃	d	6	286	11	13	109	20	40.5	52.50	5.30
〃	1x	6	287	58	9	114	55	5.2	55.05	6.09
白鳥	κ	4	288	0	11	37	1	55.8	20.55	6.16
竜	δ	3	288	6	50	22	42	28.4	−0.75	6.23
〃	δ	3	288	36	2	87	18	37.8	45.30	6.31
射手	2h	6	290	49	31.4	115	21	8.4	55.07	7.03
白鳥	ι	4	291	2	36.2	38	43	57.8	22.86	7.16
〃	θ	4	292	38	7.2	40	16	59.4	24.36	7.68
射手	f	6	293	22	46	110	16	24.8	53.00	7.86
鷲	γ	3	293	57	5.6	79	54	34.6	42.93	8.07
白鳥	δ	3	294	31	32.8	45	23	53.6	28.19	8.27

145

星座と星名	光度	1780年を元期とせる赤経および北極距離角						歳差	
		赤経			北極距離角			赤経の歳差	極距角の歳差
		度	分	秒	度	分	秒	秒	秒
鷲 α アルタイル	1	295	0	31.5	81	42	7	43.54	8.40
射手 ω	5	295	24	58.2	116	51	57.8	55.36	8.56
〃 b	5	295	51	26.4	117	44	6.2	55.72	8.64
〃 β	3	296	7	39.6	84	8	32.8	44.33	8.76
射手 2	5	296	22	59.2	116	46	24.8	55.26	5.81
竜 ε	5	297	12	41.6	20	17	23.6	−1.92	9.17
アンチニウス θ	3	229	59	18.8	91	27	48	46.64	9.95
竜 δ	4.5	300	26	33.2	22	45	7	5.06	0.15
山羊 1 α	4	301	21	41	103	10	26	50.20	0.40
〃 2 α	3	301	27	35	103	12	45	50.20	0.40
〃 σ	6	301	40	10	109	47	25.4	52.35	0.43
〃 β	3	202	9	20	105	27	43	50.30	0.60
山羊 δ	6	304	4	30.6	108	31	35	51.78	11.15
〃 υ	5.6	306	52	33	108	53	57.8	51.70	11.96
海豚 α	3	307	21	24.4	74	51	11	41.87	12.10
白鳥 α	1.2	308	29	6.3	45	29	53.2	30.75	12.44
水瓶 ε	4	308	56	22	10	17	17.9	49.05	12.53
白鳥 ε	3	309	19	39.8	56	50	52.3	36.04	12.66
水瓶 μ	4	310	11	33.4	99	47	46.1	48.87	12.87
山羊 19	6	310	35	17.8	108	44	38.4	51.39	12.98
〃 η	5	312	57	49.6	110	42	42.2	51.78	13.59
〃 θ	5	313	23	23	108	5	38.3	51.00	13.71
〃 1 x	6	313	59	1.4	112	3	59	52.07	13.85
〃 ν	5	314	23	36	102	15	4.2	48.30	13.94
山羊 φ	6	315	46	19.8	111	33	13	51.74	14.30
〃 29	6	315	53	18.8	106	4	26.4	50.24	14.33
小馬 α	4	316	12	25.8	85	39	4.6	45.14	14.42
小山羊 ι	5	317	29	41.2	107	45	36.6	50.56	14.72
セフェウス α	3	318	19	39	28	20	27.8	21.55	14.95
山羊 ζ	5	318	31	1.4	113	21	9.8	51.97	14.96
山羊 b	6	319	2	17.8	112	45	14.4	51.74	15.08
水瓶 β	3	319	59	34	96	31	45	47.70	15.30
山羊 ε	4	321	11	9	110	25	28	50.90	15.60
水瓶 ξ	6	321	30	27	98	49	50.2	48.15	15.64
白鳥 δ	4	321	25	50.6	45	22	25.2	33.83	15.64
セフェウス β	3	321	26	26.4	20	24	8.5	12.67	15.66
山羊 γ	4	321	58	12	107	38	45	52.20	15.70
〃 κ	5	322	35	15.4	109	51	31.6	50.62	15.87
〃 λ	5	323	40	13.4	102	22	17	48.82	16.10
〃 δ	4	323	42	48	107	6	51	49.90	16.10
白鳥 2 π	5	324	40	13.8	41	42	6.6	33.14	16.32
山羊 μ	5	325	19	10	104	34	39.2	49.20	16.44
〃 ο	5	327	58	58.5	93	12	33.8	46.75	16.96

星座と星名	光度	1780年を元期とせる赤経および北極距離角						歳差	
		赤経			北極距離角			赤経の歳差	極距角の歳差
		度	分	秒	度	分	秒	秒	秒
水　　瓶 ι ………………	4	328	38	7	104	55	41.6	49.00	17.07
〃　　　 α ………………	2	328	37	17	91	22	51	46.50	17.10
〃　　　 35 ……………	5	329	13	27.4	109	35	16.4	49.87	17.18
〃　　　 θ ………………	4	331	18	14.4	98	52	14.2	47.72	17.54
〃　　　 δ ………………	5	332	9	14	98	55	16.2	47.70	17.69
〃　　　 γ ………………	3	332	34	21	92	29	22.8	46.60	17.76
〃　　　 π ………………	5	333	30	39.4	89	43	56.8	46.17	17.91
〃　　　 ζ ………………	4	334	22	28.4	91	8	53.8	46.37	18.04
〃　　　 σ ………………	5	334	44	55	101	47	50.2	48.00	18.09
蜥　　蜴 7 ……………	4	335	33	55.8	40	50	37.4	36.54	18.23
水　　瓶 υ ………………	5	335	39	29	11	9	37.4	49.55	18.23
〃　　　 η ………………	4	335	59	18	91	14	36.4	42.00	18.58
〃　　　 κ ………………	5	336	35	27	95	21	22.6	46.09	18.37
〃　　　 1τ ……………	5	339	0	17.6	105	12	38.4	48.03	18.68
〃　　　 2π ……………	5	339	28	59.4	104	44	54	48.07	18.75
〃　　　 λ ………………	4	340	17	3	98	44	43.2	47.25	18.84
セフェウス ι …………	4	340	28	20.4	24	57	11.4	31.32	18.88
水　　瓶 δ ………………	3	340	44	29	106	59	9	48.25	18.90
南魚 α フオマルホート ……	1	341	21	46.2	120	46	54.6	50.06	18.97
魚　　　 β ……………	5	343	10	20.4	87	21	38.6	45.92	19.17
ペ ガ ス ス β …………	2	343	17	5	63	6	28.4	43.25	19.18
水　　瓶 1h ……………	6	343	25	13	98	52	38	47.10	19.20
〃　　　 2h ……………	6	343	27	49	98	56	16	47.10	19.20
ペ ガ ス ス α …………	2	343	27	18	75	58	30	44.75	19.20
水　　瓶 3h ……………	6	343	36	13.6	99	7	12	47.08	19.20
〃　　　 φ ………………	5	345	43	54.6	97	13	49.3	46.83	19.41
〃　　　 1ψ ……………	5	246	5	17.0	100	16	58.2	47.08	19.44
〃　　　 x ………………	6	346	21	42	98	55	21.6	46.95	19.47
〃　　　 2ψ ……………	5	346	36	59.4	100	22	48.2	47.07	19.49
〃　　　 3ψ ……………	5	346	52	39.6	100	48	36.8	47.08	19.51
〃　　　 96 ……………	6	346	59	46.8	93	19	25.6	46.69	19.52
セフェウス d …………	5	348	47	10.4	28	55	18.8	39.02	19.66
魚　　　 1x ……………	5	348	54	57.6	89	56	44.8	46.18	19.66
アンドロメダ 1λ ………	4	351	42	39.8	44	43	46.2	43.19	19.84
魚　　　 λ ……………	5	352	22	33.2	89	25	42.2	46.16	19.88
〃　　　 19 ……………	5	353	47	30.8	87	43	59.4	46.09	19.93
〃　　　 27 ……………	5	356	51	9	…	…	…	46.00	20.00
〃　　　 ω ……………	5	357	0	30	84	21	12.6	46.30	20.02
〃　　　 29 ……………	5	357	38	21	94	15	7.4	46.25	20.03
〃　　　 30 ……………	5	357	40	13	97	14	12.4	46.30	20.03
〃　　　 33 ……………	4	358	31	12	93	56	19	46.25	20.05
アンドロメダ α ………	2	359	15	45	62	7	38	46.00	20.05
カシオペヤ β …………	3	359	22	54	32	8	44	45.70	20.05

南中表（春分点・子午線経過表）の使用法

　春分点が子午線を経過する時刻，即ち恒星時0時の時刻を1年中各日に対して計算してだした表をここに書き加えることが必要であると思われる。即ち任意の日と時刻においてどの星または星座が子午線に現われるかを知るにはこの表が必要なのである。但し子午線は上方子午線でも下方子午線でもよい。

　この表を使用するには次の事項を注意されたい。赤経の0°即ち図面にXXIVと記してある点（これは赤道と黄道との交点の一つで白羊宮にある）はこの表に示される時刻に子午線を経過するものと決っている。30°の点，即ち図面ではIIと記してある点はそれよりも2時間後に経過する。順次この通りになっているから，毎日毎時どの星が子午線にくるかはすぐわかる。それで単に春分点通過の時刻へ赤道の時間数を加えさえすればよいのである。もし春分点が観測の時刻より遅れて子午線を通過するような場合には，観測時刻と春分点の子午線経過時との差を減ずればよい。

時　刻　表

1778年，即ち二つの閏年の中間年の各日における春分点のパリー子午線経過時刻

日	一 月 時 分 午後	二 月 時 分 午後	三 月 時 分 午後	四 月 時 分 午前	五 月 時 分 午前	六 月 時 分 午前	七 月 時 分 午前	八 月 時 分 午前	九 月 時 分 午前	十 月 時 分 午後	十一月 時 分 午後	十二月 時 分 午後
1	5 10	2 58	1 10	11 16	9 23	7 23	5 19	3 15	1 19	11 27	9 31	7 28
2	5 6	2 54	1 6	11 13	9 19	7 19	5 15	3 11	1 16	11 24	9 27	7 23
3	5 1	2 50	1 2	11 9	9 18	7 15	5 11	3 7	1 12	11 20	9 23	7 19
4	4 57	2 46	0 58	11 6	9 14	7 11	0 7	3 3	1 8	11 16	9 19	7 15
5	4 53	2 42	0 55	11 2	9 10	7 7	0 3	2 59	1 5	11 13	9 15	7 10
6	4 48	2 38	0 51	10 58	9 7	7 3	4 59	2 56	1 1	11 9	9 12	7 6
7	4 44	2 34	0 47	10 55	9 3	6 59	4 55	2 52	0 58	11 6	9 8	7 2
8	4 39	2 30	0 44	10 11	8 59	6 55	4 51	2 48	0 54	11 2	9 4	6 57
9	4 35	2 26	0 40	10 47	8 55	6 50	4 47	2 44	0 50	10 58	9 0	6 53
10	4 31	2 22	0 36	10 44	8 51	6 46	4 42	2 40	0 47	10 55	8 56	6 49
11	4 26	2 18	0 33	10 40	8 48	6 42	4 38	2 37	0 43	10 51	8 51	6 44
12	4 22	2 14	0 29	10 36	8 43	6 38	4 34	2 33	0 40	10 47	8 74	6 40
13	4 18	2 10	0 25	10 33	8 39	6 34	4 30	2 29	0 36	10 44	8 43	6 35
14	4 13	2 9	0 22	10 29	8 35	6 30	4 26	2 25	0 32	10 40	8 39	6 31
15	4 9	2 3	0 18	10 25	8 31	6 26	4 22	2 22	0 29	10 36	8 35	6 26
16	4 5	1 59	0 14	10 22	8 28	6 22	4 18	2 18	0 25	10 32	8 31	6 22
17	4 1	1 55	0 11	10 18	8 24	6 17	4 14	2 14	0 22	10 29	8 27	6 18
18	3 56	1 51	0 7	10 14	8 20	6 13	4 10	2 10	0 18	10 25	8 23	6 13
19	3 52	1 47	0 4	10 11	8 16	6 9	4 6	2 7	0 14	10 21	8 19	6 9
20	3 48	1 44	0 0	10 7 午前	8 12	6 5	4 2	2 3	0 11	10 16	8 14	6 4
21	3 44	1 40	11 56	10 3	8 8	6 1	3 5	1 59	0 7	10 14	8 10	6 0
22	3 39	1 36	11 53	10 0	8 4	5 57	3 54	1 56	0 4 00 午後	10 10	8 6	5 55
23	3 35	1 32	11 49	9 56	7 0	5 52	3 50	1 52	11 56	10 6	8 2	5 51
24	3 31	1 28	11 45	9 52	7 56	5 48	3 46	1 48	11 53	10 2	7 58	5 47
25	3 27	1 25	11 45	9 48	7 52	5 44	3 42	1 45	11 49	9 58	7 53	5 42
26	3 23	1 21	11 38	9 45	7 48	5 40	3 38	1 41	11 45	9 55	7 49	5 38
27	3 18	1 17	11 35	9 41	7 41	5 36	3 34	1 37	11 42	9 51	7 45	5 33
28	3 14	1 13	11 31	9 37	7 40	5 32	3 30	1 34	11 38	9 47	7 41	5 29
29	3 10		11 27	9 33	7 36	5 28	3 27	1 30	11 35	9 43	7 36	5 34
30	3 6		11 24	9 30	7 31	5 24	3 23	1 26	11 31	9 39	7 31	5 20
31	3 2		11 20		7 27		3 19	1 23		9 35		5 15

註 閏年のすぐ前の年には（例えば1779年，1783年，1787年等の如き）この表の数に1分を加える。閏年には（例えば1780年，1784年，1788年等の如き）2分を加える。これに反し閏年のすぐ後の年には，1分を減ずる。この表は本世紀の末年まで，1分の誤差なしに使用できる。

例　題　1

5月10日の夜の10時には何星が子午線を通るか。

この表をみると，5月10日の春分点南中時は朝の8時51分である。だのに8時51分から問題の時刻までに13時間9分もある。それで図帖の赤経XIIIと記してある図面をあけてみると，それは赤道上では195°に当っているが，もし13時間だけ経ったらその点が南中するはずであるけれども，なお9分即ち2°1/4という余りがある。それ故に求める南中点は197°15′であることがわかる。図面でXIIIの印しがある線から東方へ2°1/4よった線上では，水平線近くに海蛇のγ星があり，上部子午線近くには乙女の主星，シャルル二世の心臓（猟犬座首星の古名でCor Caroliとよび，彗星で知られているハレーの命名による），大熊のζ星があり，下部子午線の少し東方にはカシオペヤのε星がある。一度星図上でこれらの星をみておくと大体の見当がつくから天上の星をみてもすぐわかる。

例　　題　　2

　10月1日の夜8時半に子午線にくる星はどんな星か。

　春分点の南中は夜11時27分となっている。差は2時間57分であるから，それを減ずると残りは21時3分となる。即ち，求める子午線は315°45′の線である。

　この計算によるとXXIと印してある線から東方へ3/4°離れている線は山羊・小馬・白鳥の尾・セフェウス（北極に近い）などを通っている。

　この2例は1778年，1782年，1786年などのように閏年の丁度中間の年には適当であるが，その他の場合は149頁の註を参照のこと。

赤道上の度数を時間に改算し，また時間を赤道上の度数に改算する法について

前 記の計算例や巻末に付した問題の解法などには，しばしば赤経の時間数を赤道上の度数に，または赤道上の度数を赤経の時間に改算する心要が起ってくる。この改算を行なう最簡法は次の通りである。

太陽は24時間に1回転して360°の角を描くから，15°が1時間に，1°が時間の4分に，1″が時間の4秒に，また度の1″が4微（1秒の1/60の呼び名）に相当する。それ故，任意の度数を時間に直すには度数を15で割ればよい。

割ったとき度数に残余があれば，それに4を掛けると時間の分が得られる。度数の分を時間の分に直すには15で割ればよい。そのとき残余があればそれに4を乗じて時間の秒が得られる。最後に度数の秒の 1/15 が時間の秒に当る。なお残りがあれば4を掛ける。かくして時間の微数が得られる

逆に時間を度数に直すには時・分・秒を15倍すれば度数の度・分・秒（°′″）が得られる。

分の1/4が度数である。残余の時間はそれに等しい

度数の $1/4$ である。それでまた秒の $1/4$ は角の分となる。以下同様。

　しかしこれでは絶えず掛けたり割ったりで面倒であるので，計算ずみの改算表を次に掲げることにした。この第1表の第1欄の数字が度数であれば次の欄はこれに相当する時間や分であるが，度数でなくて分の数であれば，それに相当するものは分と秒とで表わしてある。順次同様に扱えばよい。この注意は右側の第2表にも同様に適用される。

角度を時間に換算する表 | 時間を角度に換算する表

度分秒	時分秒微	度分	時分秒微	度	時分	時	度	分秒	度分秒微	秒	度分秒微
1	0 4	31	2 4	70	4 40	1	15	1	0 15	31	7 45
2	0 8	32	2 8	80	5 20	2	30	2	0 30	32	8 0
3	0 12	33	2 12	90	6 0	3	45	3	0 45	33	8 15
4	0 16	34	2 16	100	6 40	4	60	4	1 0	34	8 30
5	0 20	35	2 20	110	7 20	5	75	5	1 15	35	8 45
6	0 24	36	2 24	120	8 0	6	90	6	1 33	36	9 0
7	0 28	37	2 28	130	8 40	7	105	7	1 45	37	9 15
8	0 32	38	2 32	140	9 20	8	120	8	2 0	38	9 30
9	0 36	39	2 36	150	10 0	9	135	6	2 15	39	9 45
10	0 40	40	2 40	160	10 40	10	150	10	2 30	40	10 0
11	0 44	41	2 44	170	11 20	11	165	11	2 45	41	10 15
12	0 48	42	2 48	180	12 0	12	180	12	3 0	42	10 30
13	0 52	43	2 52	190	12 40	13	195	13	3 15	43	10 45
14	0 56	44	2 56	200	13 20	14	210	14	3 30	44	11 0
15	1 0	45	3 0	210	14 0	15	244	15	3 45	45	11 10
16	1 4	46	3 4	220	14 40	16	240	16	4 0	46	11 15
17	1 8	47	3 8	230	15 20	17	255	17	4 15	47	11 45
18	1 12	48	3 12	240	16 0	18	270	18	4 30	48	12 0
19	1 16	49	3 16	250	16 40	19	285	19	4 45	49	12 15
20	1 20	50	3 20	260	17 20	20	300	20	4 0	50	12 30
21	1 24	51	3 24	270	18 0	21	315	21	5 15	51	12 45
22	1 28	52	3 28	280	18 40	22	330	22	5 30	52	13 0
23	1 32	53	3 32	290	19 20	23	345	23	5 45	53	13 15
24	1 36	54	3 36	300	20 0	24	360	24	6 0	54	13 30
25	1 40	55	3 40	310	20 40	25	375	25	6 15	55	13 45
26	1 44	56	3 44	320	21 20	26	390	26	6 30	56	14 0
27	1 48	57	3 48	330	22 0	27	405	27	6 45	57	14 15
28	1 52	58	3 52	340	22 40	28	420	28	7 0	58	14 30
29	1 56	59	3 56	350	23 20	29	435	29	7 15	59	14 54
30	2 10	60	4 0	360	24 0	30	450	30	7 30	60	14 0

〔例 題〕

279°47′ 9″を時間角度に換算すれば
270°　　　　　　18h
　9°　　　　　　　36m
　　47′　　　　　　3.8s
　　　39″　　　　　2.36t
―――――――――――――――
279°47′ 9″ = 18h39m10s36t

〔例 題〕

8h35′43″55‴を角度に換算すれば
8h　　　　　　　120°
35m　　　　　　　8.45′
43s　　　　　　　10.45″
55t　　　　　　　13.45‴
―――――――――――――――
8 85m 43s 55t = 128°55′ 58″45‴

星座とその星々を見分ける法

　大熊座のことを"ダビデ王の戦車"とか"大戦車"とかの名のもとで知っていない人はほとんどあるまい。この星座は北極の近くにあって，7個の2等星の集ったもので著名である。美しい7星のうち，4個は四辺形を成しており，残りの3個が曲った線にならんでいる。7星中の任意の2星をえらんで直線で結び，これを延長してみると必ずどれか第3の星につき当る。それでこの方法で近くの星々を楽に見分けられる。このような想像線の延長（第30図面にも主なものが描いてあるが）は厳密とはいえないけれども，天空の星座を学習するには最も簡便な方法であって，これによって星々をうまく見分けることができる。しかし残念ながら図面では投影法の関係でこれがうまくいかない場合もある。読者は直接天空をみながら想像線の延長法を実行されるようにおすすめする。

北極星 L'ETOILE POLAIRE （第2図面）

大熊座四辺形のうち2星βとαとを結ぶ想像線を延すと北極星にいき当る。この星は2等星で小熊の尾に当っている。間違わないようにするため，大熊座の日毎の運動に注目して，いつ北極星の東へくるか西へ来るか，又南へくるかなどを覚えておくとよい。この4つの位置の中点が北極星の位置である。

小熊座 LA PETITE OURSE

戦車の形を左前に描きだしてならんでいるのが小熊座である。大熊座の戦車のμ, δ両星を底辺とする二等辺三角形を想像し，その底辺の中点から北極へ向う垂線を引き，その長さを底辺の2倍にするとβ星に出会う。β星は四辺形の主星である。またこの星のことを水夫たちは "護りの輝星" (La Claire des Gardes) とよんでいる。四辺形の次に明るい3等星がその近くにある。

護りの輝星と北極星との間に4等星の星3個があるが，その第1は四辺形の3番目の星であり，残りの2個は北極星と共に小熊の尾に当る。四辺形の4

番目の星も見える。

カシオペヤ座　CASSIOPÉE

北極星の位置は大熊とカシオペヤとの中間に当っている。このカシオペヤ座は，銀河内の5星 α，β，γ，δ，ε からなり，2個の三角形を連ねたようにならんで，ひどく歪んだ Σ の字に似ている。戦車の δ と北極星とを結ぶ線を延ばすと，カシオペヤの椅子 β 星につきあたる。γ を知るには戦車の尾の ε 星と北極星とを結ぶ線を延ばせばよい。この星座の首星 α は β，γ の2星とともに三角形の頂点を星なしている。膝の星 δ を知るには大熊の尾にある ζ 星と北極星とを結べばよい。最後に脚の星，即ち ε は大熊の尾端にある η と北極星とでわかる。この星座の残りの星は光度がひくいので，5星に較べて容易に見分けられる。

セフェウス座　CÉPHÉE
（ケェウス座）

カシオペヤの η，β 両星を連ねた線上に，この2星間の距離の2倍くらいのところに4等星の小さい星が3個ならんで三角形を作っている。これがセフ

ェウスの頭である。カシオペヤの α，β の線を延ばすと，肩の星 α につき当る。そこから北極星へ線を引くと，腰の星 β を過ぎる。γ 星は β と北極星と共に三角形の頂点になっている。α をたよりにその近所に腕の星 η を見つけることができる。他の腕の星 ι は α，β と共に三角形を作っている。セフェウスの三主星は円弧をなし，その中心がカシオペヤの β である。

竜　座　LE DRAGON

カシオペヤの膝にある δ を出発してセフェウスの腰の β を通る線を，この 2 星間の隔りと同じ位にいくと竜の頭がみつかる。それは β，γ，ξ，ν の四辺形をなしている。別の μ という星は β，ν とで三角形をなしこれが竜の口である。ν，ξ 線を延ばすか，またはセフェウスの肩の α への線を想像すると竜の体の第 1 の結び目がある。ここに o 星がある。もしこの o 星とセフェウスの膝にある γ を結ぶと，その線の延長上に第 2 の結び目 δ，π，ρ，σ がある。また第 1 結び目，竜の頭，小熊の順にたどっていくと，竜の体にも第 3 の結び目にも出合う。なお

これらの星の列に沿っていくと，大熊と小熊の間で曲っているが，この途中に竜の尾を形成する η, θ, ι, α, κ, λ が順にならんでいるのが容易にわかる。

更に付記しておきたいことは，第3結び目の ζ から第2結び目の π を連ねる線が ω から o に引いた線と交わるところに黄道の極があることである。

アンドロメダ座　ANDROMEDE（第3図面）

北極星からカシオペヤの椅子の β へ線を引くと，その間の距離に等しいところにアンドロメダの頭の α がみつかる。また北極星からカシオペヤの ε へ線を引くと南側の足 γ に出会う。他方の足 φ は γ とカシオペヤの γ との間にみつかる。

頭の α と足の γ との間に腰の β があり，これと α との間には δ, ε, π が胸を形成している。ε の下に南側の腕の ζ, η がすぐみつかる。η から π の上の方へ線を引くと，腕の θ や北側の手の ι, χ, λ がある。最後に，頭の α と北側の足の φ との間に腰の β と μ が見える。このほかに足の星々がある。

三 角 座　LE TRIANGLE

アンドロメダの南側の足から遠くない南方に3個の4等星が三角形をなしているのが見える。

メヅーサの首座　LA TÊTE DE MÉDUSE

三角座の東方に5個の星がならんでいる。そのうち最も東にあるのがアルゴールと呼ばれる2等星であって，この星群はメヅーサの首座と名づけられている。

　三角とメヅーサの首とを正三角形の底辺の両端と考え，その頂角が南方にあるものとすればそこに蠅座がある。

ペルセウス座　PERSÉE

アンドロメダの腰の β と南側の足の γ とを連ねる線を銀河のなかまで延ばしてみると，2等星に出会う。この α 星は即ちペルセウスの輝星である。この星をほとんど正三角形をなす星群の頂点と考え，その底辺はカシオペヤの方へ向いているとすると，ペルセウスの肩の θ と γ がみつかる，そして底辺の中

点に垂線を立てると，αを通ってδに出会う。この δ は全域を2分し，その一部では星群は天の川の外に南方目指して降っており，γ，ε，ζ は線状にならんで南側の足を形作っている。もう一方の部分は他の足に相当し1等星の方へ向いてる。

馭者座　LE COCHER D'ERICTON（第4図面）

　この星座は山羊星（カペラ）（アラビヤ語 Alhatod, 山羊の意か）と名づけられる α のお陰で極めて引き立ってみえる。この星はほとんど2等辺をしている三角形の頂点に当っている。ほかの2星は北極星とカシオペヤの α とで，これらが底辺をなしている。

　山羊星の東方に馭者の肩の β を見つけるのは易しい。頭の δ は α，β を他の頂点とする三角形の頂点になっている。山羊星の下の近くにある小さい3星 ε，η，ζ が馭者の腕である。山羊の南方に南側の足の星があるが，これは同時に牡牛の北側の角の尖端にも当っている（即ち β）。なおこの星を頂点とすると山羊星と馭者の β で二等辺三角形ができる。またこの星から出発してペルセウスの方へ進むと，すぐに北側の足の ι に出会うことができる。最後に

山羊星からななめに肩の β と両足との間をいくと腕の θ と鋏の κ とがある。

大 熊 座　LA GRANDE OURSE（第6図面）

戦車の β, γ を一つの二等辺三角形の底辺と考え，底辺の中点から垂線を引き長さを 1.5 倍とすると熊の腿の φ がある。

この星を一つの不等辺三角形の頂点とみなし，その底辺をさきの三角形の反対側に作ってみると，後足の ν，ξ 及び λ，μ が得られる。四辺形の δ, β を延ばすと θ に出合う。そのすぐ上に ι, κ がある。これらが前足に当っている。首の υ をみつけるには α, β を他の二角とする二等辺三角形を考えればよい。υ が分れば頬の h もわかる。そして α, h を延ばすと鼻の o がみつかる。

牧 夫 座　LE BOUVIER（第7図面）
（牛飼座）

これもアルクトゥルスと名づける1等星の存在で立派にみえる。その星は大熊座四辺形の δ から尾の ε, η に沿うて曲線をたどると直ぐ見つかる。また牧夫の二つの足もすぐわかる。即ち西側の足にはご

く接近した3星がある。左側の足には一線上に4星が列をなしている。

　大熊座の四辺形のγと尾端のηとを連ねる線の見当に牧夫の頭があり，また西側の腕のλもある。大熊の尾のδ, ε, ζの線で猟犬をつれている手の星がわかる。熊のζ, ηを延ばすとγ即ち肩の星が知れる。これは西側の肩であるが，東側の肩のδはそれとγとを底辺とすれば頭を頂点とする三角形が得られるからすぐわかる。体の軸のε, ρを知るのもむずかしくない。またその東方に4個の小星が四辺形にならんでいるが，これが東側の手である。その手は鉄棒を握っており，鉄棒の上には星がほとんど直線にならんで平行に肩の方へ昇っている。

ベレニスの髪座　LA CHEVELURE DE BÉRÉNICE

　牧夫の西側の足の星と大熊の足の最南の2星とのあいだにはさまれて，4等，5等の星が群がっているのがベレニスの髪である。

琴　　　座　LA LYRE（第8または第11図面）

　この星座には1等星の美しい星があって全星座を

引き立てている。これはパリーではほとんど天頂を通過するが、その名はベガとよび、また琴座の輝星ともいう。この星は北極星とアルクトゥルスとの三つで直角三角形をなしている。

ヘルクレス座　HERCULE（第8図面）

巨人ヘルクレスの東側の足は竜の頭を形成する四辺形のごく近くの下方にある。

琴座の輝星からアルクトゥルスへ線を引くと、冠座のやや北方を通る。そしてこの冠座と琴との間にある4星 η, π, ε, ζ がヘルクレスの胴になっている。

この四辺形の η, ε を延ばすと南方に頭の α がみつかる。この星は2等星で、それにごく近い2等星が蛇遣いの頭である。

はなはだ接近した β, γ 両星は、頭の星と冠座の星群との間にほとんど両方から同じように離れている。これが西側の肩にあたる。東側の腕は4等星の星列であって、頭と股の π と琴との中間に線状にならんでいる。

最後に東の方、腕の先端に、そして琴と蛇の首の

南方に当って4等，5等の小星の群が小枝と蛇を形作っているのが見えるが，これがセルベルスという3頭の地獄の番犬である。

冠　座　LA COURONNE

この星座は牧夫の東部に密着し，6星が環状にならんでいるからすぐわかる。αは2等星である。冠形の口は北に向いている。

蛇首座　LA TETE DU SERPENT

冠座の下方にある3等，4等の星群が蛇の首である。それとヘルクレスの西側の肩のβ，γとを併せるとY字に似た形になる。その南の端が蛇の心臓とよばれるαで，これは2等星である。

蛇遣い座と蛇座　LE SERPENTAIRE ET LE SERPENT（第9図面）

蛇遣い座の頭のαのことは前述したが，なおこの星を見付けるにはベガ星とヘルクレスの腕の最も東にある星々とを連ねてみるとよい。

αを二等辺三角形の頂点として，一辺は蛇の心臓の方へ向き，他辺は南々東へ向いていると考えると，

第1の辺上には西側の肩の小さい星 ι, κ がある。そして南々東の方には東側の肩の β, γ がみられる。

さきに蛇の頭と心臓とを探したときのように，3等，4等の星がじくざく形にならんで曲線をなし，その開いた口が北方へ向っているのをたどっていくと，ε, μ, δ, ε, ζ, η, ν, ξ, ν, ζ, η, θ の順に蛇の形がわかる。この際蛇遣い座に属する5星は除外する。その5星は星座の形から区別できる。

この5星のうち ζ は西側の膝の上に，そして η は東側の膝の上にある。これがわかれば両足の小星を知るのはやさしい。最後に西側の腕の λ と m は肩の ι, κ と手の ε, δ との間に介在しているのでわかる。

鷲　　座　L'AIGLE（第10図面）

鷲座は直線にならんでいる3星でよくわかる。竜の頭の β からベガに引いた線を南へ延ばすと，この3星中最も美しい α 星アルタイル即ち鷲の輝星に出会う。これは1等星で，他の2星中 β は下に γ は上にならんで，3星は割りに接近している。

アルタイル星からヘルクレスの番犬や小枝の方へ線を引くとその途中で ε と ζ とに出会う。これが鷲

の尾である。北側の翼にはいちじるしい星もない。南側の翼の δ はすぐわかる。というのはこれは蛇の尾端 θ の東方にあるから。また δ と γ との間には μ がある。

アンチヌース座　ANTINOUS

この星座は5個の3等星からなっているが，これらの星はすぐわかる。アルタイル星のすぐ南方の4星，即ち肩の η，臍の ι，東側の腕の θ，股の κ で大きな四辺形ができている。第5番の西側の足の λ は四辺形の ι と κ の中間を斜めに腕の θ から引いた線上にある。

矢　　座　LA FLÊCHE

矢はアルタイル星の北方に位置し，それには4個の4等星があるだけである。一つは北に一つは南に互いに接近した2星が矢の羽である。それから一直線に東方にのびているのが矢の軸である。

海　豚　座　LE DAUPHIN

この星座は3等級の4星が菱形にならんでいるの

で目につきやすい。これが海豚の頭になっている。菱形の東側が三角形の頂点になり，鷲の3星と矢の星とが2辺と2角を形成している。菱形からあまり遠くない南方に第5の星があって，菱形の4星とあわせて海豚の全体をなしている。

白 鳥 座　LE CYGNE（第11図面）

白鳥座は琴の東方にある。その主星は2等ないし3等であって，立派に銀河内に大十字形を作っている。最も明るいαは輝星とよばれ十字の頂点になっている。この星は海豚の菱形のちょうど北にあるからすぐわかる。そしてこれを頂点とすると，菱形と矢とが二等辺三角形の底辺と2角とを形作ることになる。なおこの星はセフェウス座のγ，α線の延長上にあるともいえる。十字の下端はβ即ち白鳥のくちばしであって，これを知るにはアルタイル星から矢の羽を通る線を引くとよい。十字の中心γはα，βの間にある。十字の横棒の両端は両翼を表わしており，一つは竜の頭の方へ他はその反対側に向いている。最後の上端の外にある2星πは，互いに極く接近しており，セフェウスの頭から余り遠くない。

これが白鳥の尾の端になっている。

小 馬 座　LE PETIT CHEVAL（第12図面）

海豚のすぐ近くの東南にあって4個の4等星が小さな不整四辺形にならんでいる。ベガ星から海豚の菱形の方へ引いた線の見当にあたる。

ペガスス座　PÉGASE

小馬の東にあって，4個の2等星が主星の著名な星座である。4個のうち1個はアンドロメダの頭の星と共通になっている。他の3星はそれぞれアルゲニブ・マルカブ・シェアトとよばれる。この最後の星をみわけるにはアルタイル星から海豚の菱形を通るか，またはベガから出て十字の中心のγを通る線を考えればよい。またアルタイル星を出て海豚の最南にあるεを通ればアルカブがわかる。これはシェアトのちょうど南に当る。白鳥の輝星αとシェアトとγを結ぶ線でアルゲニブがわかる。またマルカブからシェアトとアルゲニブの中間へ斜めに線を引くと，アンドロメダの頭と共通な第4番目の星が知れる。矢から海豚の菱形の方へ線を引くと鼻のεに出

会う。そしてなおその先に頭の θ がある。θ からマルカブの方へ線を引けば首の ζ がわかる。シェアト星から十字の中点 γ へ引くと，北側の足にある η と π とが知れる。そしてシェアト星から矢の方へ向っていくと他の足の ι と κ がみつかる。またマルカブ星と北側の足の η との間に λ，μ の2星をたやすく探すことができる。

羊　　　座　LE BELIER（第13図面）
（牡羊座）

こでいちじるしい星というのは3個あるだけである。主星 α はこれも輝星とよばれてはいるが2等星である。カシオペヤの足 ε からアンドロメダの足 γ へ線を引き，次に三角形のなかを抜けると主星 α がみつかる。他の線をペルセウスの δ から出してメヅーサの頭にあるアルゴール星を通れば，やはり羊座の α にくる。他の2星 β，γ は主星 α の西方にあって余り遠くないからすぐわかる。

牡　牛　座　LE TAUREAU（第14図面）

この星座はいたって見付けやすい。それはアルデバランという美しい1等星の目の星があるのと，俗

に塵星とよんでいるプレヤデスがあるのですぐ目につく。アルデバランを知るには北極星からペルセウスと馭者の間へ引いた線を延ばすと，どの星へも出会わずにそれにいきつく。いま引いた線の東側にカペラが控えている。カシオペヤの足のεから，ペルセウスの輝星αへ線を引いてもやはりアルデバランへくる。この星はヒヤデスと称する5星群がV字形にならんでいる，その字画の端に位置している。

　プレヤデスはヒヤデスと三角との間にあってアルデバランと羊のαとを結ぶ線のちょっと北方に当っている。

　牡牛の主星は二つしかない。それが両角になっている。そのうち北側のβは前述した通り馭者の足と共通になっている。そして南側の角はζで，前者の東方の南にある。これらは共に天の川の中にある。

双 子 座　LES GEMEAUX（第15図面）

互いに4°くらい離れたα，β両星が双子の頭を示している。カペラ星（山羊星）を二等辺三角形の頂点とし，南方にある底辺の一角は，西側ではアルデバランとすれば東側では双子のα，即ちカストル星

である。これがこの星座中の最北星になっている。大熊の尾の最端にある η から戦車の γ へ線を引いてもやはりこの星に到達する。β 即ちポルックスはこの東南にあってすぐわかる。

　双子の足の星は頭の2星にほとんど平行に一直線をなしてならんでいる。この線の主星 γ は α, β の西南にある。また大熊の η, γ 線の延長の上にあるといえる。γ のお陰で ξ もわかる。また馭者の胴の方へ向いて進めば ν, μ, η にも出会うことができる。ξ と β 即ちポルックスとの間に胴星 δ がある。μ と α 即ちカストルとの間に ε があるが，これは北側の膝に当っている。他の膝の ζ は γ と δ との間にある。肩と北側の腕を示す4個の星 κ, ι, τ, θ はカペラの方へ向いた直線の上にならんでいるからすぐわかる。

蟹　　座　LE CANCER（第16図面）

　この星座には4等の星しかない。山羊星（カペラ）から双子の β 即ちポルックスへ線を引くと，星群の南端の α を知ることができる。また別の線をアルデバランから双子の γ へ引いてもこの南部星群がみつ

かる。またαから西南の1等星に線を引くと最も南方に横たわるβを探すことができる。頭のγとδは6等の小星が群がって雲状を呈している場所（プレセペ）の近くにあるからすぐわかる。

獅 子 座　LE LION（第17図面）

この星座はレグルス即ち獅子の心臓と名づけられる1等星αの美しさで著名である。大熊の四辺形のδ，γを結ぶ線でこの星がみつかる。途中でこの線はたてがみのγを通る。このγはη，ζ，μ，εと合わせて曲線を作っており，その彎曲が蟹の方に向いている。この曲線が胴体と頭とを形作る。なおκとλのうち前者は鼻面，後者は口の部分を示している。

レグルスからアルクトゥルスへ線を引いてみると少し下の方に1等星βが見つかる。これは尾の星である。臀のδはレグルスからベレニスの髪へ線を引くとわかる。後身と後足とに当るθ，ι，τ，υ，ε，φはほとんど一直線をなし，臀のδから始まっている。βからレグルスへ線を引くと前爪のξとoがわかる。

乙女座　LA VIERGE（第18図面）

これもエピーまたはアジムックとよばれる美しい1等星を持っている。牧夫の頭からアルクトウルスの方へ線を引くと南の方でこの星に出会う。なおこの星はアルクトウルスと獅子の尾とでほとんど正三角形をなしている。ほかはよく見えるものでも3等か4等かの小さい星である。

アルクトウルスから牧夫の西側の足へ線を引くと出会う最初の星が北側の翼 ε である。この線上の2番目の星が β 即ち南側の翼の頂点である。この星からエピー星の少し北の方を過ぎるとこの南側の翼についている η, γ, θ が見つかる。またこの線を延長すると南側の足の κ, λ を知ることができる。

この両星から牧夫の東側の足へ線を引くと衣服の袖の ι, ψ がある。この二つの星をたよりにさがすと北側の足の μ がわかる。

δ は γ と ε との間にあり、δ と南側の翼の頂にある β との間には胸の c がある。そして最後にエピー星から牧夫の西側の足へ線を引いてみると ζ がみつかる。

乙女の頭は4個の5等星が四辺形をなしているのではっきりわかる。これらは獅子の尾と南側の翼のβとの間になっている。

天 秤 座　LA BALANCE（第19図面）

　天秤の二つの皿は2個の2等星のおかげではっきりしている。南側の皿，即ちαを知るには乙女の南側の翼と南側の足とを結ぶ線にそうていけばよい。αからベガ星の方へ線を引くと北側の皿，即ちβがわかる。2つの皿の上にあるγとιとは容易にわかる。なぜならこの2星はα，β線に平行にならんで4個で四辺形を作っているから。

蠍　　座　LE SCORPION（第19図面）

　アンタレスという心臓星の存在で蠍座は引立って見える。この星はベガ星から蛇遣いの頭のαの少し東方に線を引くか，またはベガ・アルクトウルス・アンタレスの3星が第3者を頂点とする二等辺三角形をなしていると考えればすぐわかる。

　アンタレスと天秤との間に曲りなりにならんだ星列が見えるが，そのうち主星βは2等星である。

その尾部はアンターレスから東南の方へ降っていくと，3等ないし4等の星の列にそっていくから，容易にわかる。そして尾端は曲ってアンターレスの方へ向いている。

射 手 座　LE SAGITTAIRE（第20図面）

この星座は，3等ないし4等の星しか持っていない。矢と弓を形作る γ, δ, φ, σ がなかでもいちじるしい。これらは東方にあってアンターレスに近い。そして σ 星から鷲座の輝星アルタイルへ線を引くと射手の頭が見つかる。

山 羊 座　LE CAPRICORNE（第21図面）

この星座は目につく星が5個あるにすぎない。そのうち2個は上下になって頭についていて上の星が二重星である。この星はベガとアルタイルを結ぶ線でわかる。他の3星は尾を形作る。これを見つけるにはベガ星から矢の東側の端に線を引くか，または白鳥の十字の中点 γ から小馬の四辺形に線を引けばよい。

水 瓶 座　LE VERSEAU（第21図面）

上述の最後に引いた線で水瓶持ちの西側の肩にある β がわかる。この星と山羊の頭の二重星との間には被布の ε, μ がある。これら3星を結ぶ線を東へ延ばすと腕の γ があり，瓶の3星もみつかる，γ から小馬に線を引けば東側の肩の α がわかる。

瓶の4星から山羊の尾に線を引くと南方に θ, ι がある。東側の足の δ を知るには，つぼの4星と山羊の尾と δ とで三角形ができると考えればよい。

δ の南に美しい1等星がある。これがフォマルホートである。即ち南魚の主星になっている。そしてこの星とつぼの4星との間をよくみると小さい星が曲線にならんで，その弧が東へ向いている。これが瓶から流れ出る水である。

魚　　　座　LES POISSONS（第22図面）

この星座は天空の広大な区域を占有してはいるがやっと3等星を1個持つにすぎない。他の5星は4等で，残りは5等ないし6等である。アンドロメダの足にある γ から羊座の主星 α に線を引くと南方に

αがある。これが魚についている絹紐の結び目になっている。ペガソスのシェアト星から線を引いてマルカブ星を西側にみるようにすると，赤道の近くに西側の魚の主星γがみつかる。東側，北側の魚は同時にペガソスのアルゲニブ星と三角との間にあるアンドロメダの南側の腕と胴体とに支えられている。

結び目，即ちαから北側の魚へいくか，または西側の魚の方へいくと小星が列をなして絹紐を形作っている。

鯨　　座　LA BALEINE（第23図面）

鯨は広い星座であって，羊と魚の下の方の空間を占めている。その頭は鼻のαでわかる。これは2等星である。これはアンドロメダの腰のβから羊の角の間の方へ線を引いて，輝星αを東にみるようにすれば見つかる。なおまたこの星は羊のαとプレヤデスとで正三角形を作っている。この星のおかげで鯨の頭にある残りの6星も知られる。首のoは変光星であるが，これはアルデバランと鼻のαとを結べばわかる。

プレヤデスから鼻のαへ線を引くと西南の方にε

π, ρ, σをみるが，これらは肩で四辺形を作っている。カシオペヤのβから変光星 o へ線を引いてもこの4星がわかる。心臓のζと腹のτはこの四辺形の西側にある。ずっと西へよると臀部のη，θがみつかる。これら4星もまた四辺形を作っている。

　尾のまわり目にあるβを知るには肩の四辺形からτへ線を引けばよい。ι星，即ち尾端はアンドロメダの頭のαからペガソス座のアルゲニブ星γへ線を引けばわかる。

オリオン座　ORION（第24図面）

　オリオン座は諸星座中最も美しく牡牛の東南，双子の西南に位置している。帯と名づける部分に俗に三王または熊手と称する星があるのは誰でも知っている。

　ポルックスの頭のβから足のγへ線を引くとオリオンの東側の肩のαに出会う。西側の肩はプレヤデスからアルデバランへ線を引けば知れる。西側の足のリゲル星を知るには東側の肩から帯の3星に線を引けばよい。東側の膝のκはリゲル星と両肩の2星とで四辺形を作っている。剣のθ，ι，υは帯の3

星の下にある。

　この星座の頭はわかりやすい。なぜなら頭の3星は肩の2星とで三角形になっているから。楯の役をしている獣皮の8個の星は，みな4等で肩のγと牡牛のμ星との中間に線状にならんでいるからすぐわかる。

エリダン座　L'ERIDAN（第24図面）
（エリダヌス座）

　オリオンの足，即ちリゲル星から西へ3等ないし4等の延々たる星列にそっていくと，これが即ちエリダンで，この列は鯨の肩の四辺形で終っている。しかしこの四辺形から東南に向っていくと，エリダンの星列に再会するが，それで全体が知れたことになる。この星座の主星γはほとんど中心にあってオリオンのリゲル星と鯨の四辺形とにはさまれている。最後にエリダンの第2部の主星νは地平線をかすめるところにある。

兎　　座　LE LIEVRE

　兎はオリオンの足のちょうど南にある。この星座で最も目につくのは足の4星α，β，γ，δが四辺

形を作っていることである。それがわかれば頭や胴の星はすぐ知れる。

兎の南には鳩座の星がならんでいてフランスの中部と南部からは見える。

大犬座　LE GRAND CHIEN（第25図面）

1等星のうちで最も美しいのは大犬の口にあるシリウス星である。これは兎の東にあってヒヤデス星群の端からオリオンの帯へ線を引くとすぐわかる。シリウス星をたよりにするとその西に北側の足のβがみつかる。そして東方には頭の星がならんでいる。頭の星から南へ垂線を下すと胴のδ，ε，κが知られる。最後に南側の足のζおよび尾のηは，εに対し一つは東に一つは西にあるからわかりやすい。

小犬座　LE PETIT CHIEN

これはオリオンの肩のすぐ東方にあって，プロシオンと名づける1等星を持っている。これとシリウスとオリオンの東側の肩とで正三角形が作られる。プロシオン星から双子の足へ線を引くと小犬の2番目のβ星が知れる。

船座(アルゴ)　LE NAVIRE

大犬の胴星の東方にある4個の星が船体で，なお東方にある2〜3の星が帆柱になっているが，ここから見えるのはこれだけである。

海蛇座　L'HYDRE（第26図面）
（水蛇座）

海蛇は蟹座，獅子座，乙女座の南にある。全周の4分の1を占める長たらしい星座である。頭は4個の4等星でわかる。これはちょうど小犬の東方にあって，オリオンの西側の肩からプロシオン星へ引いた線上にある。

獅子のたてがみからレグルス星へ引いた線を南に延ばすと，それが α 即ち心臓にあたる2等星の東を過ぎることになる。なお別の方法は双子の頭から海蛇の頭へ引いた線でもわかる。

4等星の θ と ι が頭から心臓の方へ降っているのが首の巻き目である。

心臓から東南へ一列をなしてならんでいる9個の星は，みな4等か5等かであるが，これが海蛇の胴であって獅子の後足のちょうど南にあるコップ座ま

でも続いている。

コップ座　LA COUPE

獅子の口と鼻の星からレグレス星へ線を引くと，6個の4等星が円弧状にならんでいるのがコップの本体である。なおアルクトウルス星から乙女のδへ線を引いてもわかる。この線を延ばすとコップの足のα，β間に出る。この足は海蛇の胴体に載っている。

烏　座　LE CORBEAU（第27図面）

3等星が4個ならんで四辺形を成しながらほとんどコップの東側に触れている。乙女のエピー星からコップの足のβへ線を引いても，または獅子の尾のβから乙女の頭にある小さい4星へ引いてもその位置がわかる。ε星のおかげで烏の頭がわかる。これは4等でくちばしのαの近くに見える。

烏とコップの間のあいたところの南方に4等星が2個あるが，これは海蛇のつづきであって烏の向うには3等のγと4等のπの二つしか目につくものがない。烏座βのすぐ東には3等星のγがある。πは

尾の端にあって，乙女の δ とエピー星とで一直線をなしている。

センタウル座　LE CENTAURE（第19図面）
（ケンタウルス座）

センタウルの頭になっている4個の星はいずれも4等で，これらの星とほかに両肩にある θ , ι はパリーの水平線上に見える。これらはちょうど乙女のエピー星の南方に当る。

フランスの南部地方でもこの星座は半分しか見えない。

狼　　座　LE LOUP（第19図面）

狼座についてもセンタウルでいったと同じことがいえる。頭は5等星しか持たないが，これは蠍の心臓星アンターレスの近く西南にある。

———◆———

近年作られた星座については何も述べないつもりである。というのはそれらはいずれも以上述べてきた古い星座にはさまれていて，すぐわかるから。またそれらは4等あるいはそれ以下の小星を持つに過

ぎないからである。

　星座や星を学習し，それを見わけるためには，西から東の順序で図面を追いながら大体三つの帯に分けて，上記の順序を繰返してきたのであるが，そのかわりに一度に同一子午線の三帯を一緒に吟味しても（第11頁以下に説いてあるように）よかったのである。

諸　　惑　　星

　惑星は1等星と同じように輝いているけれど，星座から星座へと移動するものであるから，他の恒星と混同しないようにしてもらいたい。しかし恒星と区別して見分けることはさほど難かしくない。恒星の光は鋭くていつも瞬きをしているが，惑星の光は安定していてまたたかない。もっとも地平線に近いときは惑星でもまたたくことがある。しかしこれらの点は恒星と区別するのに充分でないから，一つずつ注意を述べよう。先ず水星は余りに太陽に近いためにほとんど見えることがない。次に金星はどの1等星よりも明るくその色は少々黄色を帯びている。

火星は紅色をはなち，木星はややシリウスの光に近いが，その光は白色で銀のように輝くのに対しシリウスはむしろ青味がかっている。土星は火星以上に明るくなることはなくその光はつやのない白色で，どちらかといえば火星のように紅みがかっている。

上記のように各惑星に固有な見分けかたがあるにもかかわらず，なお見つけるのが難しい場合には天体暦または惑星表を参照すれば，容易に天空上で見つけることができる。先ずその経度，緯度を知るか，またはその南中の時刻を調べて，各々の惑星がどの星の近くにあるかを確め得る。

第 1 題

<u>任意の場所の地平線上にいつも見える星を知る法</u>

先ずその場所の緯度がわかれば，天の北極からの距離が緯度を越えない限りその内にある星はかくれることはない。星の赤緯が，その地方の緯度の余角よりも小さい場合には，その星はかくれることがある。例えばパリーの地平線上に毎夜見える星は，北へ測った赤緯が 41° 10′ よりも多いものに限られている。即ち北極距離角が 48° 50′ を越えないものに限られている。それでその土地の緯度に等しい赤緯を持った星は，天頂を経過するものであることがわかる。

第 2 題

<u>星で子午線を定める法</u>

互いに近い赤経を持った2星を選び出し，これが正南または正北を経過するところを観測しなければならない。少なくとも 1m ないし 1.5m の間隔に2本の鉛線をつるす。吊った鉛の端には極くとがった部分をつける。それが糸の方向軸を示している。こ

の糸の一つが，さきに選んだ2星をおおいかくす瞬間にこれらの星は子午線にきているのであるから，残り一本の糸を適当に移動させて，この糸もまたこれら2星をおおいかくすような位置で固定させる。すると鉛線の糸は二つとも子午線の平面内にきているから，鉛線の尖端が地面に触れる2点を直線で結ぶならば，これが求める子午線である。

　もっとも数回の観測を重ねてみないと，鉛線が2本とも子午線面にあるかどうか確かめることはできない。そして二つ選んだ星は赤緯においてかなり隔っていることが必要である。少なくとも25°は離れていないといけない。例えば馭者の肩のβとオリオンの肩のαとが好一対である。またはアンドロメダの頭のαとカシオペヤの椅子のβでもよい。或いはカシオペヤのε星，北極星，大熊の尾端のηの3星でもよい。なるべくはこの最後のを選ぶがよい。というのはこの内の二つが子午線の上方経過または下方経過をする場合に，残りの一つは必ず反対の経過をするに決っているから。それで初回の観測の吟味になる。

第 3 題

与えられた日に与えられた星が南中する時刻を求める法

先ず南中の時刻を知りたいと思う星の赤経を表のなかから探し出し，それを153頁の表で時間に改算する。そしてそれにその日の春分点南中の時刻を加える。

和が12時よりも少ないときはそれがその日の求める時刻になるが，和が12時よりも大きく24時よりも小であれば，そして春分点（♈）の経過時が「朝」と記してあるならば，それから12時を引く。残数がその日の夕刻の経過時刻になる。しかし「夕」と記してある場合には，その前日の春分点の南中時刻をとり，それに星の赤経を加え，和から12時を引くと，残りがその日の朝の南中時刻である。

和が24時以上である場合には，それから23時56分4秒を引くと，残りが南中時刻で，朝か夕かを決めるには，春分点南中が「朝」と記してあれば朝で，「夕」と記してあれば夕である。

例

1780年10月10日　アルデバランがパリーの子午線を経過する時刻を求める場合には，先ず表からこの星の赤経を探し出し，それを時間に改算すると4時23分となる。しかるに10月10日における春分点の南中時刻は夜の10時57分であり，4時23分を加えると12時間よりも多くなるから，星の南中は翌11日の朝ということになる。そこで10月9日の春分点南中時刻をとることとし，南中時刻11時をアルデバランの赤経に加えてみると15時23分が得られ，これから12時を引くと，残りが3時23分となる。これが即ち1780年10月10日朝におけるアルデバランの南中時刻である。

この方法では，南中時刻に数分の差はまぬがれない。そのわけは春の分点南中時刻というものは日ごとに4分づつ減っていくものであるから，更に時間に比例した数を差引くことにしなければならない。比例した数は6時間に1分の割合であるから，それを算出して星の南中時刻から引き去ればよい。

もっとも上記は略近法であって秒まで正しい結果

を望むわけにはいかない。最も簡便でまた一般的な方法は先ず与えられた日と時間とに対する太陽の赤経を知り，それを星の赤経から引く法である。もし星の赤経の方が小さくて引けないときは，先ず24時間を加えておいて，然るのち減法を行なえば残りが求める南中時刻になる。そして残数が12時間を超えないときは南中は夕方おこり，残数が12時間を超えれば翌日の朝となる。

第 4 題

<u>1年間，毎日の太陽赤経を時間数で表わす法</u>

太陽の赤経を知るにはその日の春分点南中の時刻表を使用するのである。春分点南中が朝だとすればそれから正午までの時間が太陽の赤経に等しい。晩に南中するものとすれば，それを24時間から引いた残りが，とりもなおさず春分点南中時における太陽の赤経にほかならない。

更に精密な計算法

天体暦で太陽の位置がわかっていると仮定すると太陽の赤経を算出するには次に示す公式を使用する

太陽の赤経の正切と太陽の黄経の正切との比は黄道面傾斜角即ち 23° 28′ の余角の正弦に等しい

　この計算法においては四つの象限を区別して考えねばならない。第1と第3象限のときは春分点からまたは秋分点から起算して表わす。秋分点の場合は面倒なわけであるが，これも赤経へ180°を加えさえすればよい。第2と第4象限の場合では太陽の黄経を180°または360°から引いた残りを使って計算せねばならない。そしてその結果は180°（12時間）または360°（24時間）から赤経を引いた残りである。

　それ故この四つの場合というのは，それぞれ90°，180°，270° を超える黄経に適応しようというわけである。計算せずに答を得たいと望む人はコンパス上に盛ってある対数尺とか，または英国式分割器を用いるのがよかろう。これらの器具は第30図面の第3図に描いてある。

第　　5　　題

任意の星の子午線経過の時刻を知って真太陽時を算出する法

例えば牧夫の足にあるアルクトゥルス星が子午線面に吊りさげてある鉛線の見当を通過するのを観測したところ，その時刻は1780年7月1日の夕方7時21分であったと仮定する。この時刻はもちろん振子時計または懐中時計で決めたものである。しからばこの時計の時刻は真太陽時よりどれだけ早いかまたは遅いか。

術　　法

1780年7月1日におけるアルクトゥルス星の赤経
　　　　　　　　　　　　　　　　$= 211° \ 25' \ 20''$
7時21分における太陽の赤経　$= 100° \ 46$
　差　　　　　　　　　　　　　$= 110° \ 39' \ 20''$

これを時間に直すと7時22分37秒となる。しからば振子時計または懐中時計の時刻は1分37秒だけ遅れていることになる。

注　意

　大熊の諸星や山羊星（カペラ）のように北天で北極の下を経過する場合にも，前記と同様の術を用いてよいのであるが，ただ計算の結果から約2分を減ずる必要がある。

第 6 題

或る星が既知の垂直圏即ち方位圏を通過する場合を利用して時を測る法

この問題は観測地の緯度または極の高度がわかっているものと仮定する。

使用公式　　$\cot x = \cos a \times \tan b$

において a は天頂から北極までの角ZP（第30図面の第1図）を表わし，b は子午線と方位圏とが天頂Zにおいてなす角，a は北極までの角 SP，x は北極から方位圏に下した垂線が子午線となす角であって，これが求める角の最初の部分である*。またこの角と北極との関係次第で垂線は方位圏を分割することもあり，またはその延長を分割することもある。

対数表を用いれば計算はやり易いが，それが手元にないときは対数尺で間に合わせてもよい。

例

例えば星が赤道上にあるものとすれば，北極までの距離SPは90°になる。その星というのは春分または秋分の日の太陽でもよい。

* 最後に求めるものは角SPZである。DZP角を最初に求める。（訳者）

北極から鉛直圏即ち方位圏 nSZD（それは子午線の東の方へ70°．5 傾いていると仮定しよう）へ垂線すなわち時圏 PD を下すと，それはこの鉛直圏の延長と西部で出会う。この際 SZD は 90°になる。なぜなら互いに垂直に交わる大圏はちょうど反対な2点で出会うはずであるから。

　それ故に先の公式で角 ZPD がわかれば，その余角 ZPS もすぐわかる。これが知りたいと思った時角である。観測地はパリーの北にあってその緯度を 48°52′ とすると

$$\text{Log } \cos a = 9.8768993$$
$$\text{Log } \tan b = 10.4508513$$
$$\overline{\text{Log } \cot x = 20.3277506}$$

故に ZPD の余角は $64°49\frac{1}{8}′$ となる。これが求める時角で，時角に直すと 4 時間19分$16\frac{1}{2}$秒となる。

　対数尺で計算する場合にはコンパスの両脚を 90°の正弦から 48°52′ の正弦まで拡げる（ここに 48°52′ の正弦は ZP 即ち a 角の余弦と同じである）。拡げたままで逆の方向に（というのは正切が 45°を超えているから）正切尺の上へ持っていく。即ち $70\frac{1}{2}°$ から右側の方へ測ってみると，他の脚は $64\frac{5}{6}°$ の上

にくることを発見する。これが求むるところの時角である。

次の注意事項は無駄でないと思う（第１）ZPD角を赤道上で計るときの円弧の長さは子午線の東の方で水平線上における分点と，赤道と方位圏 ZSn の交わりとの間の夾角即ち♈Sに全く相等しい。

（第２）この方位圏は水平線と h で交わっている。太陽の方位角を $19\frac{1}{2}°$ とすると $\sin d = \cos b \times \sin a$ の公式によりその赤緯は $12°23\frac{1}{2}'$ となる。対数尺では $19\frac{1}{2}°$ の距離即ち $\cos b$ から $90°$ までの距離は正弦尺上の $41\frac{1}{8}°$ から起算して $12°$ と $\frac{4}{10}$ の点までに該当するから，これが求める円弧である。

２月25日と10月25日とにおいてはパリーでは，上記の赤緯は，方位圏がちょうど東方の地平線と交わるということから，太陽が真東から昇る日に当っている。もっとも大気の屈折作用は無視してのことである。

次に星が赤道上にいない場合を仮定する。太陽の北緯が $23°28'$ と仮定すると，d 角即ち北極までの距離 SP は $66°32'$ に等しい。前と同様に方位角を $70\frac{1}{2}°$ とすると，太陽がそれを通過するのは何時か

という問題を解いてみよう。

求める角の残角 Z には，次の第 2 公式を用いる。

$$\frac{\tan a \times \cos x}{\tan b} = \cos Z$$

Log　tan a = 　9.9412036

Log　cos x = 　9.9566324

和　　　　　＝19.8978360

Log　tan d =10.3623894

Log　cos Z = 　9.5354466

即ち $20° 4' 1\frac{1}{2}''$ を得るから，春分点の時角 $64° 49' 7\frac{1}{2}''$ から差引くと，残り $44° 45' 6''$ 即ち 2 時間 59 $\frac{2}{5}$ 秒が求める時角である。それ故，7 月 21 日の朝は太陽が 9 時 1 分に前記の方位圏を通過することになる。これを 2 月 15 日または 10 月 25 日にくらべると，約 2 時間 $1\frac{1}{4}$ 分だけ遅くなっている。引算をする代りに，即ち前のように Z 角を春分点の時角から差引く代りに，それに加える場合が起ることがある。それは太陽の赤緯が南緯のときである。

例えばさきに得た太陽の赤緯 $12° 23'.5$ の余角が正切 d に等しいとすると，第 2 の公式によって $10° 0' 2\frac{1}{2}''$ という結果が得られるが，これを春分点の

弧 64°49′ 7$\frac{1}{2}$″ に加えると 74°49′ 10″ となる。即ち時間では4時間59分16$\frac{2}{3}$秒となるが，これが即ち時角にほかならない。これは朝の7時40分43$\frac{1}{2}$秒に当っている。前にも春分点の場合には7時40分43$\frac{1}{2}$秒を得ている。

対数尺の上へコンパスを拡げて既知の2辺の正切間の距離を測ってみると同じ比が得られる。従って求める角を作っている二つの部分の余弦の間にも同一の比が存在することがわかる

第 7 題

<u>二つの星の赤経赤緯を知っており，またこの2星が同一方位圏上にくる時刻を観測したとして，その観測地の緯度を求める法</u>

図面30の第2図においてZを天頂，Pを北極，Aを上の星としてAP即ち北極までの距離は表を調べるとわかるし，Bは下の星で，BPは北極までの距離，角APBは2星の赤経の差に当り，Z角即ちAZPは方位角で，これも既知と仮定する。そこで先ずZP即ち天頂と北極との距離即ち北極の高度の余角を算出しなければならない。この問題は1749年べ

ルリン暦に載っていた7番目の問題である。使用する公式は
$$\sin x = \frac{\sin a \sin e}{\sin f}$$
ここに x は北極の高度（即ち緯度）の余角，a は上の星の北極までの距離，e は方位圏が時圏となす角，f は方位角である。

この式でわかるように方位角 f を精しく知る必要がある。それを測るには上製の羅針盤を使用するとか，星の等高を利用する観測の結果によるとか，或いはベドス博士新案の土圭物尺にでもよるほかはない。b は下の星の北極までの距離，c は赤経の差である。

次に e 角は次の公式を用うれば容易に得られる。
$$\cot e = \frac{\cos c \cos a \sin b - \sin a \cos b}{\sin c \sin b}$$

天文器械を持たない人が単に対数計算で緯度を測定したいと思う場合に上記の問題が役立つ。

第 8 題

<u>観測地の緯度が知れており，同一方位圏を通る二つの星の赤経赤緯も知れている場合にその時刻を計算する法</u>

この問題は種々の場合を含んでいる。簡単のためここではそのうち二つだけを取上げることにする。他の場合は複雑でもあり長い計算を要することでもあるので，それを知りたい人は1756年リヨンで出版した航海用天文書中の第16問を参照して貰いたい。

　第1の場合。2星が同時に子午線上を経過する場合，換言すれば2星が同一の赤経を持っている場合は第5題のときと同一である。しばしばこの時を利用して子午線が測定される。使用する器具は鉛線でもよく，または覗き孔のついている管をその方向に向けておいたものでもよく，または焦点に糸のついている子午儀でもよい。ただ正確に子午線の方向に向けることが肝要である。これらの一つの星が子午線を経過する時刻は，この日の太陽の赤経さえわかっておれば，正確にこの方法で知られるわけである。それが求めるものである。

　第2の場合。二つの星の一つが赤道上にある，即ちその北極からの距離が90°であると仮定する。他の星がこの星と同一方位圏上にきたとすれば，その時刻は如何。

$$公式　　t = \frac{rpf}{cX}$$

ここに f と c とはそれぞれ観測地の緯度の正弦と余弦，X はこの瞬間に方位圏の上の方に現われる星の赤緯の正切である。それ故，上式は赤経の差の正弦 p と f との積を時圏 t の正弦で除した商は，cX と $90°$ の正弦 r との比に等しいことを表わしている。

この方法によって羅針盤の助けなくして方位圏の正確な位置を知ることができる。但し使用する2星はなるべく互いに遠いものを選ぶべきである。

第 9 題

太陽または星の高度と観測地の緯度とを知り，時刻を算出する法

旅行中太陽または星の高度（仰角）を知るには，水準器または土圭または携帯用観測儀（アストロラーベ，近代的に球状接手により吊り下げるようになったもの）を使用する。観測儀も念入りのものでは照準器に2個の覗き孔を設け，筒先へはガラスをはめて太陽面の上縁の高度を測るに便利なようになっている。

1772年サイヤン会社から発行の航海術諸問題中に次の公式がある。

第1　　日出または日没のとき太陽が水平線上にあるとき，真の時刻は
$$U = \frac{SX}{r}$$
によって与えられる。即ち直角または $90°$ の正弦 r と，観測地の緯度の正切 S との比は，この天体の赤緯の正切 X と求める時角の正弦との比に等しい。

野原または四方の開いている高地でこの種の観測をなすには簡単な水準器があれば十分である。しかし大気の屈折が観測の正確さを損うものであるからこの点を考慮に入れねばならない。

第2　　太陽が既に水平線上に登っているときには次のように処理する。
$$時角の正矢\ (\text{versedsine}) = \frac{s\,d}{y}$$
即ち赤緯の余弦 y と観測地の緯度（極の高度）の正割 s との比は，太陽の観測高度の正弦と子午線上にきたときの高度との差の正弦 d と求める時角の正矢との比に等しい。

太陽の子午線上の高度は夏期においては，赤道の高度に太陽の赤緯を加えて得られるが，冬期においては加える代りに引かねばならない。　　〔終〕

1776年　王室印制局　　エリッサン未亡人　発行

解　説

藪　内　　　清
野　尻　抱　影
木　村　精　二

フラムスチードと現代の星座

　この図帖のもとを作った John Flamsteed (1646—1719) は英国の著名なる天文学者である。彼は少年の頃から天文学に興味をもち，天体観測を行なうと共に，観測器機を作っていた。後に Cambridge 大学に入り，有名な Isaac Newton (1642—1727) を知った。彼が惑星の直径について1673年に書いた論文は，Newton のプリンシピヤの第3巻に採用されている。1675年には，当時創設されたグリニッジ天文台の初代台長として，王家天文官に任ぜられた。初めは経費不足に悩んだが，漸次改善され，1689年より系統的な観測を行ない得るようになった。彼の後半生は，その観測結果の発表をめぐっての複雑な争論に終始した。彼は観測結果が完全なものになるまで，発表を差控えたかったのであるが，周囲の事情はこれに反対した。Newton と感情的な仲違いをするようになったのもこの結果である。かくて1712年には彗星で有名なEdmond Halley の手で Historica coelestis という最初のグリニッジ天文台の星表が発表されるにいたった。この時にも，Flamsteed

ウエストミンスター寺院にあるニュートンの墓石

は不満であり，その300部を焼きすてたということである。彼は病弱と闘いながら，彼の観測材料の完全なる出版に努力したのである。これは彼の死後，その弟子たちによって Historica coelestis Britannica 3 巻となって世に出たものである。3 巻のうち，その最初の2巻は Flamsteed がデルビー及びグリニッジで観測した全材料を含み，第3巻はおよそ3000個を含む星表である。

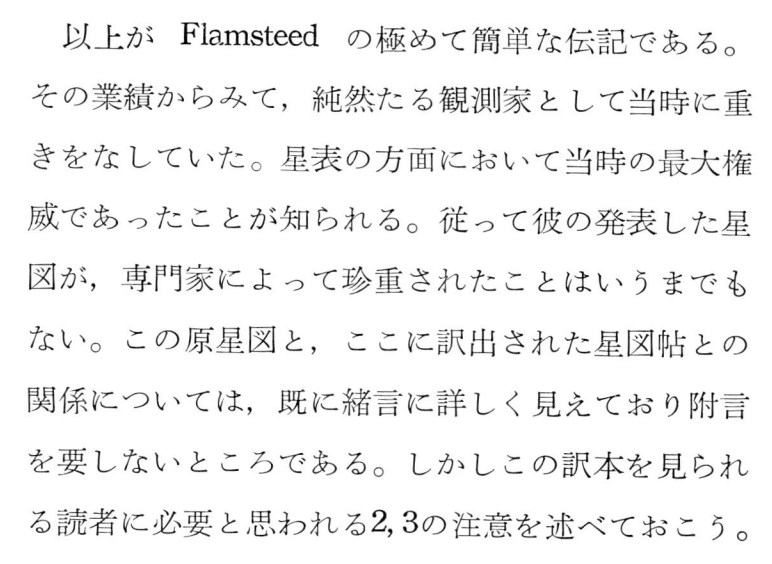

グリニッジ王立海軍カレッジの入口

　以上が Flamsteed の極めて簡単な伝記である。その業績からみて，純然たる観測家として当時に重きをなしていた。星表の方面において当時の最大権威であったことが知られる。従って彼の発表した星図が，専門家によって珍重されたことはいうまでもない。この原星図と，ここに訳出された星図帖との関係については，既に緒言に詳しく見えており附言を要しないところである。しかしこの訳本を見られる読者に必要と思われる2,3の注意を述べておこう。

　Flamsteed の星図に見えた星座は，だいたい今日においても行なわれている。しかしいくぶんの相違がある。現在では全天にわたって85の星座を区別している。しかしそのうちの「アルゴ」なる星座は，

あまりに広いので，普通にはさらに分けて4星座とし，これを船尾（とも），帆，羅針盤，竜骨と呼んでいる。このような分割では88座となるわけである。いま Flamsteed の星座と比較するために，現今の星座を掲げておこう。(50音順)

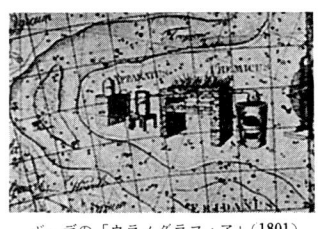

ボーデの「ウラノグラフィア」(1801)の南天の星。現在は行なわれていないもの（次ページと見開き）

星　座　表

	星座名	学名（略符）	仏　　名	概略位置 赤経	赤緯	午後8時子午線経過の時刻 月 日
				h m	°	
1	アルゴ	Argo(Arg)	Le Navire	8 0	−40	III 8
	船尾（とも）	Puppis(Pup)		7 40	−32	III 13
	帆	Vela(Vel)		9 30	−45	IV 10
	羅針盤	Pyxis(Pyx)		8 50	−28	III 21
	竜骨	Carina(Car)		8 40	−62	III 28
2	アンドロメダ	Andromeda(And)	Andromede	0 40	+38	XI 27
3	一角獣	Monoceros(Mon)	L'Icorne	7 0	−3	III 3
4	射手（いて）	Sagittarius(Sgr)	Le Sagittaire	19 0	−25	IX 2
5	海豚（いるか）	Delphinus(Del)	Le Dauphin	20 35	+12	IX 26
6	*インデアン	Indus(Ind)		21 20	−58	X 7
7	魚	Pisces(Psc)	Les Poissons	0 20	+10	XI 22
8	兎	Lepus(Lep)	Le Lievre	5 25	−20	II 6
9	牛飼	Bootes(Boo)	Le Bouvier	14 35	+30	VI 26
10	海蛇	Hydra(Hya)	L'Hydre	10 30	−20	IV 25
11	エリダヌス	Eridanus(Eri)	L'Eridan	3 50	−30	I 4

12	牡牛	Taurus(Tau)	Le Taureau	4 30	+18	I 24
13	大犬	Canis Major (CMa)	Le Grand Chien	6 40	−24	II 26
14	狼	Lupus(Lup)	Le Loup	15 0	−40	VII 3
15	大熊(おおぐま)	Ursa Major (UMa)	La Grande Ourse	11 0	+58	V 3
16	乙女	Virgo(Vir)	La Vierge	13 20	− 2	VI 7
17	牡羊	Aries(Ari)	Le Belier	2 30	+20	XII 25
18	オリオン	Orion(Ori)	Orion	5 20	+ 3	II 5
19	*画架	Pictor(Pic)		5 30	−52	II 8
20	カシオペヤ	Cassiopeia(Cas)	Cassiopée	1 0	+60	XII 2
21	*旗魚(かじき)	Dorado(Dor)		5 0	−60	I 31
22	蟹	Cancer(Cnc)	Le Cancer	8 30	+20	III 26
23	髪(かみのけ)	Coma(Com)	Le Chevelure de Bérénice	12 40	+23	V 28
24	*カメレオン	Chamaeleon(Cha)		10 40	−78	V 23
25	烏	Corvus(Crv)	Le Corbeau	12 20	−18	V 23
26	冠	Corona Borealis (CrB)	La Couronne	15 40	+30	VII 13
27	*巨嘴鳥	Tucana(Tuc)		23 45	−68	XI 13
28	馭者	Auriga(Aur)	Le Cocher d'Eriction	6 0	+42	II 15
29	麒麟	Cameloparadalis (Cam)	Le Giraffe	5 40	+70	II 10
30	*孔雀	Pavo(Pav)		19 10	−65	IX 5
31	鯨	Cetus(Cet)	La Baleine	1 45	−12	XII 13
32	ケフェウス	Cepheus(Cep)	Céphée	22 0	+70	X 17
33	ケンタウルス	Centaurus(Cen)	Le Centaure	13 20	−47	VI 7
34	*顕微鏡	Micoscopium (Mic)		20 50	−37	IX 30
35	小犬	Canis Minor (CMi)	Le Petit Chien	7 30	+ 6	III 11
36	小馬	Equuleus(Equ)	Le Petit Cheval	21 10	+ 6	X 5
37	小狐	Vulpecula(Vul)	Le Renard	20 10	+25	IX 20
38	小熊	Ursa Minor(UMi)	La Petite Ourse	15 40	+78	VII 13
39	小獅子	Leo Minor(LMi)	Le Petit Lion	10 20	+33	IV 22
40	コップ	Crater(Crt)	La Coupe	11 20	−15	V 8

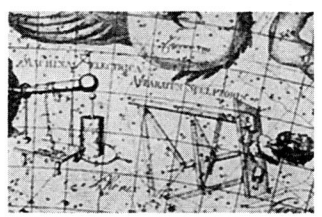

ブロンサルトの複刻星図 (1963) から

オリオン附近の星座，現在は用いられていないものを含む。パリットの復刻星図（19世紀半）から

41	琴	Lyra(Lyr)	La Lyre	18	45	+36	Ⅷ 29
42	コンパス	Circinus(Cir)	Le Compas	14	50	−63	Ⅵ 30
43	*祭壇	Ara(Ara)		17	10	−55	Ⅷ 5
44	蠍	Scorpius(Sco)	Le Scorpion	16	20	−26	Ⅶ 23
45	三角	Triangulum(Tri)	Le Triangle	2	0	+32	Ⅻ 17
46	獅子	Leo(Leo)	Le Lion	10	30	+15	Ⅲ 25
47	*定規	Norma(Nor)		16	0	−50	Ⅶ 18
48	楯	Scutum(Sct)	L'Ecu de Sobieski	18	0	−10	Ⅷ 25
49	*彫刻具	Caelum(Cae)		4	50	−38	Ⅰ 29
50	*彫刻室	Sculptor(Scl)		0	30	−35	Ⅺ 25
51	*鶴	Grus(Gru)		22	20	−47	Ⅹ 22
52	*テーブル山	Mensa(Men)		5	40	−77	Ⅱ 10
53	天秤	Libra(Lib)	La Balance	15	10	−14	Ⅶ 6
54	蜥蜴	Lacerta(Lac)	Le Lezard	22	25	−43	Ⅹ 24
55	*時計	Horologium(Hor)		3	20	−52	Ⅰ 6
56	*飛魚	Volans(Vol)		7	40	−69	Ⅱ 3
57	*蠅	Musca(Mus)		12	30	−70	Ⅴ 26
58	白鳥	Cygnus(Cyg)	Le Cygne	20	30	+43	Ⅸ 25
59	*八分儀	Octans(Oct)		21	0	−87	Ⅹ 2
60	*鳩	Columba(Col)	Le Colombe	5	40	−34	Ⅱ 10
61	*風鳥	Apus(Aps)		16	0	−76	Ⅶ 18
62	双子	Gemini(Gem)	Les Gemeaux	7	0	+22	Ⅱ 3
63	ペガスス	Pegasus(Peg)	Pégase	22	30	+17	Ⅹ 25
64	蛇	Serpens(Ser)	Le Serpent	{15 18	35 0	+ 8 − 5	Ⅶ 12 Ⅷ 17
65	蛇遣い	Ophiuchus(Oph)	Le Serpentaire	17	10	− 4	Ⅷ 5
66	ヘルクレス	Hercules(Her)	Hercule	17	10	+27	Ⅷ 5
67	ペルセウス	Perseus(Per)	Persée	3	20	+42	Ⅰ 6
68	*望遠鏡	Telescopium(Tel)		19	0	−52	Ⅸ 2
69	*鳳凰	Phoenix(Phe)		1	0	−48	Ⅻ 2

70	ポンプ	Antlia(Ant)		10	0	−35	IV	17
71	水瓶	Aquarius(Aqr)	Le Verseau	22	20	−13	X	22
72	水蛇	Hydrus(Hyi)	L'Hydre	2	40	−72	XII	27
73	南十字	Crux(Cru)		12	20	−60	V	23
74	南魚	Piscis Austrinus (PsA)	Le Poisson Austral	22	0	−32	X	17
75	*南冠	Corona Australis (CrA)		18	30	−41	VIII	25
76	*南三角	Triangulum Australe(TrA)		15	40	−65	VII	13
77	矢	Sagitta(Sge)	La Flèche	19	40	+18	X	12
78	山羊	Capricornus(Cap)	Le Capricorne	20	50	−20	IX	30
79	山猫	Lynx(Lyn)	Le Lynx	7	50	+45	III	16
80	竜	Draco(Dra)	Le Dragon	17		+60	VIII	2
81	*猟犬	Canes Venatiich (CVn)		13	0	+40	VI	2
82	*レチクル	Reticulum(Ret)		3	50	−63	I	14
83	*爐	Fornax(For)		2	25	−33	XII	23
84	六分儀	Sextans(Sex)	Le Sextans	10	10	− 1	IV	20
85	鷲	Aquila(Aql)	L'Aigle	19	30	+ 2	IX	10

前ページに同じ。くじら座附近の星座，はえ座，フレデリックの誉れ座など，現在は用いられていない

　以上においてフランス名の欄を除いて，すべて東京天文台編纂の理科年表（1967年版）によったものである。＊印を附したものは南天の星でわれわれから見えない星座であり，この図帖においてもごく簡略にしか記されていない。（第29，および第30図面）従って，図帖との比較をやめておこう。＊印のないものはわれわれの所から，その一部あるいは全部を見ることができるものである。この部分は図帖

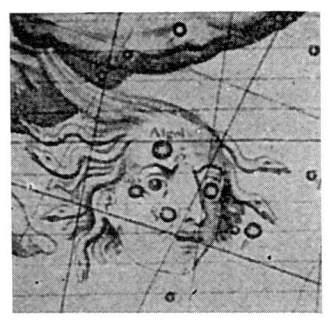

メヅーサの首座（フラムスチード）

の第1図面から第28図面にわたって詳細に示されている。図帖のこの部分に図示された諸星座は，表においてフランス名の記載されたものである。なお特にゴチックで示したものは，Fortin によって詳細な説明が施されたものであり，訳文に見えている。この説明は現在においてもほぼ役立つものである。これで見るとわれわれから見得る北天及び南天の諸星座が，すでに Flamsteed の時にできていたことがわかる。緒言にあったように，楯（L'Ecu de Sobieski），馴鹿及び地獄の番犬の3星座が附加されただけで，他の星座はすべて Flamsteed 時代のままである。もちろん同じ名称で呼ばれていても，星座の拡がりはいくぶん変っているということはいうまでもない。またこの Flamsteed の図帖にある星座で，その後に全くあとを絶ち今日には一般に承認されていない星座がある。これらはいずれもその近くの星座に編入されてしまったのである。いまかかる星座を取出して述べると次の如くである。

メヅーサの首（La Tête de Méduse）
　　　　　　　　　　　　ペルセウスの一部
蛇首（La Tête de Serpent）　　蛇の一部

アンチヌース (Antinous)	鷲の一部
地獄の番犬 (Le Rameau et Cerbère)	
	ヘルクレスの一部
ポニアトスキーの牛	
(Le Taureau Royal de Poniatowski)	
	蛇遣いの一部
馴鹿 (Le Réene)	ケフェウスの一部
蠅 (La Mouche)	三角の一部
鵞鳥 (L'Oye)	小狐の一部

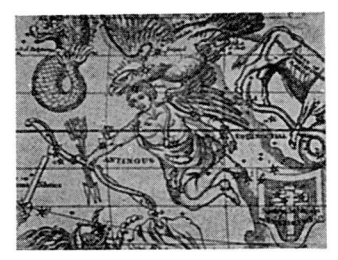

アンチヌース座，パリットの複刻星図から

　訳文には図帖或いはブラッドレィの星座を用いて子午線経過などを知る計算方法や例題が見えており懇切を極めているが，如何せんそれらはパリーを中心としたものであり，かつまた星の位置が西紀1780年というかなり昔の時代のものである。我々の場合には，これらの方法を使用することは不可能である。それで上表には，この不都合を補う意味において，星座の概略位置と，それが午後8時に東京の子午線上を経過する月日を転載しておいた。訳文の説明にもあったように，恒星の子午線経過時刻は1日に約4分，1カ月に約2時間ずつ早くなるから，任意の月日に，ある星座が子午線上に見える時刻を推算し

得るわけである。

例えば射手座はIII月3日午後8時に南中するから，その翌4日には午後7時56分となり，更に1ヵ月後のIV月3日には午後6時頃に南中する。もちろんこれはごく概算であり，だいたいの見当にはこれで充分である。このように図帖に描かれた星の位置が古く，また訳文に見えた例題が不都合であっても，この図帖は今日においても貴重なものである。それは単に歴史的な意味を持つに止まらないのである。

　そもそも，天空の星々を分割して星座とすることは，洋の東西を問わず，極めて古いことである。西洋ではバビロン，エジプトの時代から既に行なわれていたところであり，これがギリシャに伝えられたのである。ギリシャの有名な詩人アラトス（西紀前270年頃）は北天の星座44個について美しい詩を書いたのである。ついでトレミー（西紀137年頃）は48個の星座を発表している。これらの星座は，いずれも長篇の詩ともいうべきギリシャ神話に結びつけられており，いわば奔放なる古代文明人の創造力によって造り出されたものである。もちろん東洋にも古くから星座がある。しかし与えられている名称は，

おおぐま座，バリットの複刻星図から

極めて俗なものであって，官職名とか我々の身辺にある器物などである。いわば我々の生活と直接結びついた諸種の名称が，そのまま天に与えられている。従って西洋の星座が詩的であるのに対し，東洋のそれは散文的であるといえよう。この星座名においてみられる東西洋の相違は，また東西文化の根本的な相違といえないこともなかろう。

　ここに訳された星図帖には，いとも美しいギリシャ神話に活躍した神々や勇士の姿が，具体的に図上に再現されているのである。この星図をたよりにして，我々が天空を見る時に，我々は直接にすぐれたる創造力の持主たるギリシャの精神に触れることができるのである。ヘルクレス星座を見ては，最高神ジュピターの子供として生れ，幾多の怪物を殺した勇者ヘルクレスを思い，ペガスス座を仰いでは，女怪メヅーサの血より化した天馬を思う。この天と人が一体となり，未来もなく，過去もなく，ただひたすらに詩の世界，星の世界に逍遙することは比類のない喜びである。この境地において，ややともすれば固化せんとする精神の緊張をほどき，明日の文化を創造するにたる豊かな創造力が生れるのである。

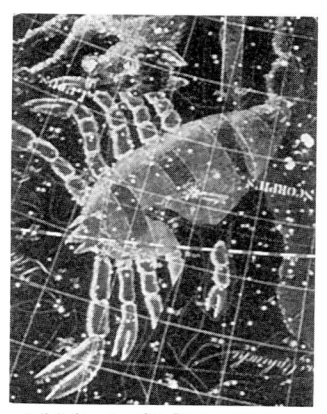

さそり座，ボーデの「ウラノグラフィア」から

いて座（アラビアの星座）

この意味において，この訳書が今日日本の要求する科学精神の作興に大いに役立つことを信じて疑わないのである。

藪　内　　清

フラムスチード星図の史的地位

星図の初期の歴史は探る資料がないが，それを最初に考案して画にした人物が西暦前幾世紀か昔にいたことは推測に難くない。

星座の文献で最も古いものは，ギリシャの詩人，ソリのアラートスが西紀前270年に書いた天文詩 Phaenomena（星空）であるが，それは更に約1世紀前の天文学者エウドクソスの，現存せぬ同名の散文を詩化したものであった。そしてアラートスのパトロンでもあったマケドニア王，アンチゴノス・ゴナタスが都市の諸建築の円天井を星座の画で飾らせたと伝えられるので，当時すでに或る種の星座画図が行なわれていたに相違ない。

ローマに入ると，政治家・雄弁家キケロが若い頃（西暦前60年）アラートスの訳 Aratea を著わし，次いで将軍ゲルマニクスも同じ名で訳している。そしてローマの上流婦人たちの間には，壁掛けに金糸銀糸で星座の画を刺繍することが流行したと伝えられる。大英博物館所蔵の第2世紀のローマ訳アラートス写本には，ゲルビグス筆の星座の円図が附いて

アラートス（ローマ時代の画像）

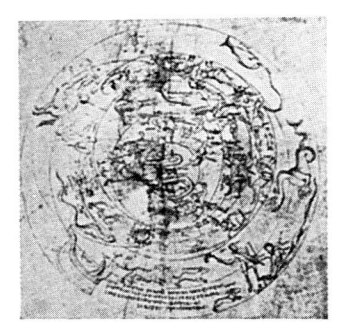

ゲルビグス星図（第2世紀）

いて，現存星図では最も古いものだが，この種の図が天文の用途を離れていろいろ刺繡の手本に使われていたことを思うと興味が深い。

ゲルビグスの星図はまだ草画風の素朴なもので，星も示してない。しかし各星座の位置は大体において正しく，その名も附記してある。図柄も，例えば牡牛座の牛は半分だけを描き，アルゴ座の船は船尾が断たれているというふうに，星座の神話に忠実である。後代の星図がこの種の星図に倣って描かれたことも，比較してみればよくうなずける。

その後しばらくは星図の遺品は残存していない。兵火で焼け失せたのであろうか。天球儀の方は，ナポリ国立美術館のファルネーゼ天球儀（西紀前73年）をはじめ，同館のアラビア天球儀（1225），バチカン宮のラファエル画天球儀（1510？）その他がよく保存されている。

星図では1456年頃ドイツの天文家レギオモンタヌス（本名ヨハン・ミュルレル）の星図があったが現存していない。その影響による当時のものが，ウィンナやニュールンベルクで発見されている。

それらの中で最も優秀な星図はドイツの画家デュ

ーラーの Imagines Cœli Meridionales（初版1515年）で，久しく木版による最初の星図と考えられていた。北天と南天2面の円図で，人物と動物はすべて天球儀と同じく裏向きになっているが，1541年版では正面向きとなり，人物はすべてドイツ武人の風俗になっている。

デューラーの南半球星図（1541）

デューラーの星図はまだ装飾的分子が多分にあるが，同じドイツの天文学者アピアン（ラテン名アピアヌス）の1枚刷り木版円図 Imagines Sydrum Cœlestium（1536）は，星の大小の群を相当正確に現わした点で数歩を進めていた。そして天文教科書の附図にも用いて，星座早見式の回転するものとしたという。

これに次いで，ローマの大僧正ピッコローミニーの木版，月面及び星図 Sfero del Mondo e Dele Stelle Fisse（1540）が出版されて，星図には1等星から4等星までを区別するのにラテン文字を用いていた。この書は16世紀から17世紀初頭へかけて大いに用いられて，天球儀の製作にも利用されていたという。

その時以後木版技術の進歩につれて，種々の製図

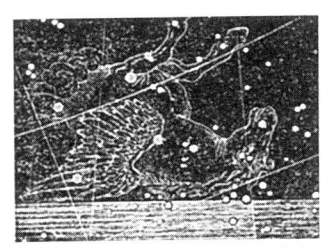

バイエルの「ウラノメトリア」のペガスス座 (1603)

家が黄道十二宮を始め各星座の姿に精細な技巧をこらし，特に数を加えた新星座の姿にも意匠を競っていることは，星図鑑賞の上に興味が深い。しかしその頃の天文学がまだ従来の占星術と分離していず，星図もまた純粋の天文用でなかったことは注意すべきである。

星図の歴史で，後のフラムスチードの星図と共に重きをなすものは，アウグスブルクの代官人ヨハン・バイエル（1572—1625）の Uranometria (1603) で，当時非常に行なわれて重版と幾種もの複刻を出した。これは，プトレマイオスの48座に南方の新星座12を加えて計60とし，またチコ・ブラーエの神祕な星数 777 を1709に増加し，かつ星名を光度順にギリシャ文字で表わすという先人未到の改革を行なった。その結果プトレマイオス以来の煩雑な記名法は一掃された。これは大きな功績だが，アルファベットの順序は必ずしも当時における星の光度とは一致していず，バイエルが自からの実測によらず，プトレマイオスや過去の天文書に基づいたことを示す。また彼が未だ占星術から脱し切れなかった痕跡も見られる。

バイエルからフラムスチード前後に至る代表的な星図には，ドイツのシルラーの耶蘇教星図（1527），同ワイゲルの紋章形星図（1627）のような風変りのものや，同ヘベリウス（1687），フランスのバルヂー（1674），同ロワイエー（1679），オランダのセラリウス（1660），英国のハリー（1675）等の各星図または星図書があって，特にハリーの南天星図やヘベリウスの星図書が有名である。またロワイエーはバイエルに基づく星図を作って，幾つかの無名星にもギリシア文字を附記した。しかし，バイエルの記名法を採用して更にその応用範囲を広めたのが，グリニッジ初代天文台長ジョン・フラムスチードであった。

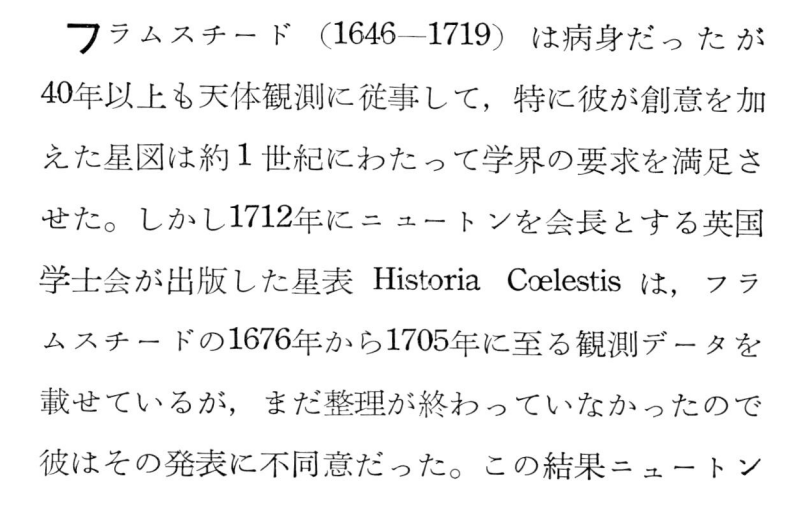

　フラムスチード（1646—1719）は病身だったが40年以上も天体観測に従事して，特に彼が創意を加えた星図は約1世紀にわたって学界の要求を満足させた。しかし1712年にニュートンを会長とする英国学士会が出版した星表 Historia Cœlestis は，フラムスチードの1676年から1705年に至る観測データを載せているが，まだ整理が終わっていなかったので彼はその発表に不同意だった。この結果ニュートン

ヘベリウスの星図（1660）

アンドロメダ座，バリットの複刻星図から

や学士会員と不和になった。そしてその完成を急ぎ附加する星図書の作成にもかかっていたが，共に生前には完成されず，遺志によって友人ホヂソンが仕事をつづけ，1725年に Historia Cœlestis Britannica 3巻が出版され，4年後に星図書 Atlas Cœlestis が別冊として出版されて，約 3000 の星を収めている。

この星図書の初版と複刻，及び増補を加えた英・仏・独の出版書名を掲げてみる。

Atlas Cœlestis (1729) 初版，木版見開き星図27面，フォリオ判*（二つ折りの最大判），ロンドン出版。

Atlas Céleste (1776) 前書の第2版，銅版30図，8巻，八っ折り判,** パリ出版。英書の縮刷で，ルモニエーが主として編纂し，パシュモーの観測とラカイユの南天星図を追加したという。これが恒星社出版の原本である。

Atlas Céleste (1795) 第3版，八っ折判，パリ出版。前書の訂正版で，星数をも大増加し，ドランブルとメシャン考案の新星座も加えてある。

以上2種のフランス版の間に出版された次ぎのフ

* folio 判　17×22インチ
（ライティング・ペーパー標準型）
** octavo 判　八つ折判　約6×9½インチ
（参考 quarto 判　四つ折 約9×12インチ。
1932年当時の市価，アピアヌス33ポンド。バイエル4ポンド？シル。バルチー30ポンド。ヘベリウス8ポンド8シル。フラムチード古書値段は初版2ポンド？シル。再版15シル。3版1ポンド1シル。）

ラムスチード星図も重要である。

　Atlas　Cœlestis（1781）新版，初版本と同じく木版27図，フォリオ判，ロンドン出版。

　Atlas　Cœlestis（1781，1805再版）34図，横長四つ折り判，ベルリン出版。

　フラムスチードの星図を最も有名にしたのは，まず歴史画の大家サー・ヂェイムズ・ソーンヒルが星座のフィギュアを描いた美観である。しかし星図そのものの真価値は，フラムスチードが，バイエルのギリシャ文字及びローマ字による星の記名法を採用し，それに洩れた星には，序数字で記名する方法を創始したことにある。即ち，今日フラムスチード数字 Flamsteed's Numbers と呼ばれるもので，この結果，彼が包容した54の星座の眼視星はすべてに名を与えられることになった。後世の天文学者がこのバイエル・フラムスチード合作の星名記入法により与えられた恩恵ははなはだ大である。

　しかし，フラムスチード星図の功績は記名法の発明に留まってはいない。多年にわたる実測に基づいて，いちいちの星名を赤経順に記名したことこそ特筆に値いする。彼は Historia Cœlestis 第3巻に，

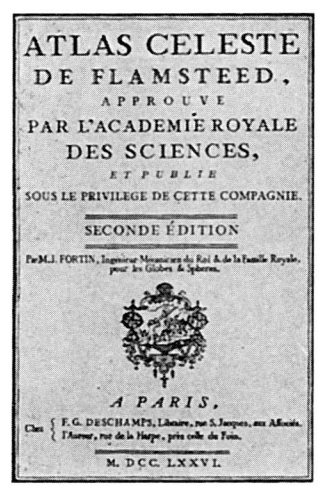

フランス第2版の扉（1776）

1700年当時の恒星の位置を計算した結果，バイエルの星図とは全然別個のものを作成する必要を痛感し，それを実行したと書いている。2,3に，バイエルの星座図は相当巧みに描いてあるが，二三の星座の他は，当時のやり方で背をこちらに向けている。これはプトレマイオスの字句をはき違えた結果で，新しい星図にはバイエルを捨てなければならぬと書いてある。

　このアイディアがソーンヒルの精緻な線描によって実現されたわけである。また，バイエルの時代にはまだ勢力のあった占星術が，この頃には殆んど消滅して，フラムスチードの星図書が純粋に天文学用のものとなったことも記憶さるべきであろう。

　以上，簡単ながらフラムスチードの星図書が西洋の星図史において，引いては天文学史において一時代を確立したものであることを考証してみた。

野　尻　抱　影

ロンドンのタワーブリッジ　最近改築されることになりアメリカに買取られた

フラムスチードとグリニッジ天文台

800万の人口を擁するイギリスの首都ロンドン，この大都会の「シティ」と呼ばれる中心部から東南東へ数キロ行くと，テムズ河の南岸の小高い丘に100ヘクタールにも及ぶ広大な緑地帯がひろがる。一年中手入れの行きとどいた樹木は，訪ねる人の心をいやし，3月にはクロッカスなど早春の花が，芝生に色どりをそえはじめる。ときには，リスがしげみの間から姿を現わして，子供たちの手からパンくずをもらう。

ここはグリニッジ公園で，ロンドン市民に開放されている，いこいの場所のひとつであるが，この敷地の中程には，丸ドーム・古色蒼然とした煉瓦造り・均整のとれた八角形の建造物とその屋上に高く立つポールなどが点在して，人目を引いている。そして毎日，定刻13時になると，直径1.5メートルの球がポールを伝って，ストンと落ち，見物客をおどろかせているのである。

話はここで，ちょうど300年前の昔にさかのぼる。

グリニッジ公園　前方にドームが見える

グリニッジ公園のリス

旧グリニッジ天文台　今はスピッツプラネタリウム

裏から見た旧グリニッジ天文台

　時は17世紀の半ば過ぎ，かねてからフランスに亡命中のチャールズ2世（Charles II, 1630—1685）が，1660年に復位し，国政にたずさわっていた。この王の評判は，決してかんばしくない。多少の魅力と機智に富んではいたが，「陽気な君主」（Merry Monarch）とあだ名された道楽者で，政治責任を軽んじ，宗教に関心がなく，清教徒を圧迫した。しかも運が悪いことに，ロンドン史上の大事件が相次いで起きた。ひとつは1665年，当時の人口50万のうち7万の生命を奪ったペスト大流行（Great Plague）で，その病源菌は，船が大陸から運んできたといわれている。翌年9月には，ロンドン大火（Great Fire）が5日間以上も猛威をふるい，シティのほとんど全部が焼き払われた。このときオックスフォードからも，太陽が真赤に染って見えたと伝えられた。

　ところでチャールズ2世の名を少なくとも天文学史上で不朽ならしめた業績がひとつあった。1675年6月22日付で，次のような命令を出したのである。
"Charles Rex. Whereas, in order to the finding out of the longitude of places and for perfecting navigation and astronomy, we have resolved to

224

build a small observatory within our park at Greenwich, upon the highest ground, at or near the place where the Castle stood, with lodging rooms for our astronomical observator and assistant, our will and pleasure is, that according to such plot and design as shall be given you by our trusty and well-beloved Sir Christopher Wren, Knight, our Surveyor-General of the place and scite of the said observatory, you cause the same to be fenced in, built and finished with all convenient speed".

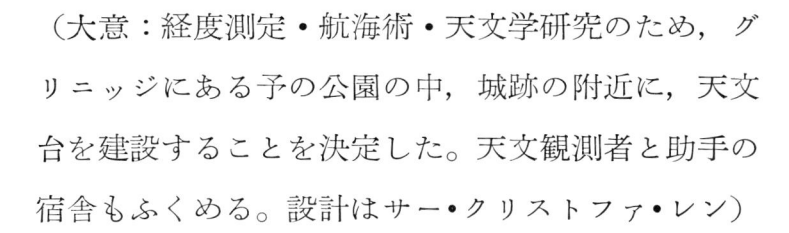

旧グリニッジ天文台（海事博物館）入口の時計とタイムボール

（大意：経度測定・航海術・天文学研究のため，グリニッジにある予の公園の中，城跡の附近に，天文台を建設することを決定した。天文観測者と助手の宿舎もふくめる。設計はサー・クリストファ・レン）

ここでいう天文観測者とは，前年（1674年）9月に100ポンド（最近の交換率で8.6万円）の年俸で任命されたフラムスチード (John Flamsteed, 1646—1719) その人であった。また，レン（1632—1723) は当時の天才的建築家で，彼の代表作としてセントポール大聖堂 (St. Paul Cathedral) をはじめ，

本初子午線を示すコンクリート標識
前方は子午環室

多くの教会建築がある。彼は前述したロンドン大火後，町の遠大な復興計画も手がけている。

王がこのような命令を出した背景には，次のような時代の要請があった。つまり，絶対君主としてのエリザベスⅠ世のとき（在位1558—1603）に，イギリスはもっとも華やかな時代をむかえ，特に1588年130艘から成るスペインの無敵艦隊をイギリス海軍が打ち破ってからは，世界の制海権をひとり占めにしてしまった。そして，大洋の彼方まで無事に航行するためには，船の位置——経緯度を常時くわしく知る必要に迫られていたのである。

1674年，一人の若いフランス人が，経度測定の方法を提案したが，これを受けた王は，さっそく委員会を任命して，可否を調査させた。委員会に協力したフラムスチードは，この案が実用的ではないことを指摘し，経度測定の第1段階は，正確な星のカタログと月の運行表を作ることであると強く主張したのであった。

こうして，世界最古の天文台のひとつグリニッジ天文台が，子午線観測を主目的として，誕生する運びとなった。くわしくいうと1675年8月10日15時

14分，フラムスチード自ら土台石を敷いたといわれる。既存の建物の基礎の上に建てたので，その壁面は，南北の方向からは13.°5ほどはずれてしまった。できるだけ安く仕上げるために，ロンドン塔の古い材料とか城壁の残り煉瓦も利用した。地上2階地下1階の赤煉瓦作りであったが，窓の周囲と隅は白くぬりつぶして石造物に見せかけたといわれる。

　こうしてでき上った八角堂（Octagon Room）は，はじめ「星の部屋」"Camera Stellata" と呼ばれ，その南東方には六分儀室なども設けられた。総工費520ポンド9シリング1ペニー（約46万円）。チャールズ2世は命令こそだしたが，金はよほど出ししぶったのではあるまいか。

　さて，フラムスチードは1676年7月10日，この天文台に移ってからムーア卿（Sir Jonas Moore）の好意で，六分儀（複数）・2台の大時計・焦点距離52フィート（16メートル）の対物鏡などを手に入れ，さらに王立協会から四分儀を借用した。こうして同年9月19日，後に出版されたカタログの基となる恒星の子午線観測が開始された。当時は，辻馬車が普及したとはいっても，ロンドンはテムズ河に沿

正面から見た旧グリニッジ天文台

オクタゴンルームの中央にある展示品

オクタゴンルームの一部（海事博物館）

って延びた都市であって，船がもっとも便利な交通機関だった古き時代，また街燈が点燈するには数十年先の1730年代まで待たねばならなかったよき時代でもあった。経済的には苦労が多かったかも知れないが，天文観測に没頭するには，まことに恵まれた環境にあったといってよい。その後天文台の観測器具は，マイクロメーター・焦点距離7フィート（2.1メートル），15フィート（5メートル）の望遠鏡など，だんだん充実していった。フラムスチードは，1719年12月31日に73才の生涯を閉じるまでの43年間に無慮3万個の観測を残すことができたのである。

　話を現代にもどしここでグリニッジ天文台の歴代台長を一覧にしてお目にかけよう。〔この間，記録に留めるべき天文学上の発見や業績は，実に多い。例えば，その名を付けたハリー彗星の軌道計算と回帰予報（ハリー，1705年）；光行差の発見（ブラッドレイ，1728年）；航海暦の編集発行（マスケリン，1767年——この暦はその後毎年出版され，1967年に満200年を迎えた）；また1884年の国際会議が満場一致で，この天文台の子午環を通る南北線を，世界の

経度の基準（本初子午線）と決めたのは，エヤリー等の子午線観測の功績である。〕

代々の天文学者が使った研究室

グリニッジ天文台長一覧

	台　　長　　名	生年　没年	在職期間
第1代	フラムスチード（John Flamsteed）	1646—1719	1674—1719
第2代	ハリー（Edmond Halley）	1656—1742	1720—1742
第3代	ブラッドレイ（James Bradley）	1693—1762	1742—1762
第4代	ブリス（Nathaniel Bliss）	1700—1764	1762—1764
第5代	マスケリン（Nevil Maskelyne）	1732—1811	1764—1811
第6代	ポンド（John Pond）	1767—1836	1811—1835
第7代	エヤリー（George Biddell Airy）	1801—1892	1835—1881
第8代	クリスティ（William M.H. Cristie）	1845—1922	1881—1910
第9代	ダィソン（Frank W. Dyson）	1868—1937	1910—1933
第10代	ジョーンズ（Sir Harold Spencer Jones）		1933—1955
第11代	ウーリー（Dr. Richard v.d. R. Wooley）		1955—

　第2次大戦中，戦火をさけるために疎開したが，残った建物は，相当の被害を受けてしまった。戦後は，発展する大都会近辺の天文台のいずこも同じ運命にしたがって，人里離れた場所に移転せざるを得なくなった。

　1948年から数年間をついやして，グリニッジの南方約100キロ，15世紀に建てられたサセックス州

ハリー，ブラッドレイの使用した子午儀（左端）

ハーシェルの20フィート反射鏡

のハーストモンソー城（Herstmonceux Castle）に，36インチ（91センチ）ヤップ反射赤道儀・26インチ（66センチ），28インチ（71センチ）の両屈折赤道儀などを移したのである。写真天頂儀をはじめ多くの新しい器械も備えられた。こうして1955年ごろから，新しい観測地で，新グリニッジ天文台の活動が再開された。ニュートン（Isaac Newton, 1642—1727）の生誕300年を記念して計画された98インチ（249センチ）の大反射鏡もいよいよ完成し，1968年には観測開始の運びとなっている。

　一方，グリニッジ公園内の旧天文台は，1960年7月6日，エリザベス女王の臨席のもと，国立海事博物館（National Maritime Museum）の一部としてよそおいも新たに，再びお目見得した。今度は観測のためではなく，フラムスチード以来，300年にわたってこの天文台が築き上げてきた数限りない偉業を，ひろく，ながく伝えるためにである。今，この博物館を訪問する人は，本初子午線を示す標識・有名無名の天文学者たちが使った観測室，研究室，食堂，寝室・そしてまた，ハーシェルの歴史的反射鏡をはじめ各種の望遠鏡，四分儀，子午儀，時計など

の観測測定器械をふくむ貴重なコレクション・フラムスチードの例の星図・偉人の肖像画，胸像などを身近に見ることができよう。

　さらに，1967年7月19日，旧グリニッジ天文台の子午線室（Meridian Building）が再建されて，一般公開された。当日出席された新グリニッジ天文台台長のリチャード・ウーリー卿がその演説の中で強調されたとおり，こここそ，1676年フラムスチードの時代から1957年に天文台がハーストモンソーに移転するまで，基礎的天文学にとって，最も重要で不滅の観測が行なわれたところである。この子午線室にも現在，フラムスチードの四分儀と六分儀をはじめ，エヤリーの子午環，そのほか歴史的な観測器械が多数陳列され，これらを見る人たちに，深い感激の念をいだかせずにはおかないのである。

木　村　精　二

新グリニッジ天文台，28インチ屈折鏡のドーム

同30インチ反射鏡ドーム

フラムスチード天球図譜		定価はカバーに表示

1968年8月30日 初版発行		
1980年8月30日 新装版発行	編　集	恒　星　社
2000年10月1日 第3版発行	発行者	佐　竹　久　男
	発行所	株式会社 恒星社厚生閣

〒160-0008　東京都新宿区三栄町8
Tel 03-3359-7371　Fax 03-3359-7375
http://www.vinet.or.jp/~koseisha/

印刷所　(株)千代田平版社
　　　　(株)興英文化社
製本所　(有)風林社塚越製本

© KOSEISHA-KOSEIKAKU CO.,LTD 2000
8 San-eicho, Shinjuku-ku, Tokyo

恒星社厚生閣の 数学史・天文学史

増修 日本数学史
遠藤利貞 著　三上義夫 編　平山諦 補訂
A5判/898頁/上製函入/定価18,900円

近世日本に於ける科学技術の発達は主に蘭学を通じ行われたが、独り数学のみは日本人の研究により発達を遂げ、しかも高度な内容をもち、時には西欧の研究に先行する部門さえあった。この内容を紹介する明治期三大名著と称される「大日本数学史」(1896)を、平山博士らによる補訂注釈を施す決定第二版。

東西数学物語
平山諦 著
A5判/512頁/上製函入/定価6,300円

算数・数学は二千年来、洋の東西を問わず愛されて来た。数学史研究で有名な著者が、その歴史的背景を深い見識と懇切な解説を加えながら詳述した書である。数学史上二千年来の傑作といわれる興味深い問題を、物語・図形・計算の三編に分け、実証的に解明する。

和算の誕生
平山諦 著
A5判/212頁/定価3,875円

和算研究の碩学平山博士が、初期和算への西洋文明の影響について、現存の事跡を探査し、時代考証と著者の鋭い推理により実像に迫る。和算の始まり・宣教師スピノラ・京都天主堂のアカデミア・吉田光由・ロドリゲスの日本文典・算法統宗の渡来・ほつ、弗、拂 etc。

関孝和 - その業績と伝記
平山諦 著
A5判/318頁/上製函入/定価4,725円

昭和33年の関孝和二百五十年祭の記念出版のものを増補改訂したものである。日本が生んだ、この偉大な和算家の伝記、及び、発微算法をはじめとする彼の全業績を簡明に掲載しており、関孝和を研究する上で、欠くことのできない貴重な文献である。巻頭口絵写真付。

文化史上より見たる日本の数学
三上義夫 著　平山諦・大矢真一・下平和夫 編
A5判/300頁/上製函入/定価6,090円

本書は自然科学を初めて文化史的立場から広い眼界のドに論及したもの。文化史上より見たる日本の数学、和算の社会的・芸術的特性について、芸術と数学及び科学、我が国文化史上より見たる珠算、遊歴算家の事蹟、産額雑攷の6章、解説よりなる。特徴は全国現存算額表付。

インド数学研究 — 数列・円周率・三角法
楠葉隆徳・林隆夫・矢野道雄 著
A5判/570頁/上製函入/18,900円

本書は、我国で初めて原典に極めて忠実に、またその批判的研究に基づいて書かれたもので、この分野においては他の追随を許さない秀れた一書である。我国ではほとんど紹介されていないインド数学理論の歴史的価値を高めるものとして既に大変高い評価を受けている。巻末に徹底的に吟味された詳細な資料を付す。

近世日本天文学史
（上）通史　（下）観測技術史
渡辺敏夫 著
A5判/上製函入/(上)460頁/定価8,925円/(下)596頁/定価12,600円

慶長6年から明治6年(1601〜1873)すなわち近世、中国や新しい西洋天文学の影響を受け天文学が大きく変革発達した時代。上巻では日本天文学の流れが興味深くまとめ、下巻では天文観測の技術的な側面が充実。豊富な資料を駆使した実証方法で、図版も多く、すべて史料に裏付けられている。渋川・高橋家蔵書目録、天文学史年表つき

東洋天文学史論叢 [覆刻版]
能田忠亮 著
A5判/674頁/上製函入/定価12,600円

本書は、50年余の長い間絶版となっていた、中国天文学史の基礎を築いた記念碑的な名著の限定覆刻版である。主な内容は、周髀算経の研究・漢代論天攷・秦の改月説と五星聚井の辨・詩経の日蝕・禮記月令天文攷 夏小正星象論などからなる。

(定価は消費税込みです)